电力设备停电试验手册

国网浙江省电力有限公司检修分公司　编

内容提要

本书主要围绕电力设备停电试验展开，共分为八章。第一章为变压器停电试验，第二章为电容式电压互感器停电试验，第三章为电流互感器停电试验，第四章为断路器停电试验，第五章为并联电容器停电试验，第六章为电抗器停电试验，第七章为避雷器停电试验，第八章为 GIS 设备停电试验。

本书理论结合实际，通俗易懂。可供电气试验专业人员作为工具书使用，也可供运维检修相关专业的技术人员参考使用。

图书在版编目（CIP）数据

电力设备停电试验手册 / 国网浙江省电力有限公司检修分公司编 . —北京：中国电力出版社，2020.10

ISBN 978-7-5198-4671-8

Ⅰ . ①电…　Ⅱ . ①国…　Ⅲ . ①停电事故－应急对策－手册　Ⅳ . ① TM08-62

中国版本图书馆 CIP 数据核字（2020）第 078902 号

出版发行：中国电力出版社
地　　址：北京市东城区北京站西街 19 号（邮政编码 100005）
网　　址：http://www.cepp.sgcc.com.cn
责任编辑：肖　敏（010-63412363）
责任校对：黄　蓓　王海南
装帧设计：张俊霞
责任印制：石　雷

印　　刷：三河市百盛印装有限公司
版　　次：2020 年 10 月第一版
印　　次：2020 年 10 月北京第一次印刷
开　　本：787 毫米 ×1092 毫米　16 开本
印　　张：10
字　　数：173 千字
印　　数：0001—1500 册
定　　价：40.00 元

编委会

主　任　林　磊

委　员　黄陆明　姚　晖

主　编　王坚俊

副主编　郦于杰　周建平　刘江明

参　编　李文燕　孙林涛　张翾喆　艾云飞　周　杰
刘昌标　丁　凯　孙正竹　林成理　张志展
朱宏法　吴承福　胡婵婵　罗晨晨　刘　德
王　志　徐积全　谢斯晗　戴鹏飞　汪玉峰
刘　威　李　勇　张显堡

前　言

随着生产力的不断发展和科学技术的不断进步，带电检测、在线监测、智能机器人等状态监（检）测技术在电力系统中得到广泛应用，为获取设备状态信息、提供辅助决策、适时开展停电检修维护提供了有力依据。停电试验作为电力设备运行和维护工作的一个重要环节，可有效发现各类缺陷，其数据参量是设备状态信息的映射，既反映了设备健康状况是否良好，又反映了设备检修维护的质量。

本书在编写过程中以 DL/T 393—2010《输变电设备状态检修试验规程》、Q/GDW 1168—2013《输变电设备状态检修试验规程》《国家电网有限公司十八项电网重大反事故措施（修订版）》等技术规范为依据，密切结合生产实践，从设备结构入手，讲解停电试验的目的与意义、技术要点与流程，并结合常用仪器详细讲解试验操作步骤，尽量做到严谨准确，可供电气试验专业人员作为工具书使用，也可供运维检修相关专业的技术人员参考使用。

本书共分为八章，第一章介绍变压器的基本结构、停电试验要求、停电试验项目及方法；第二章介绍电容式电压互感器的基本结构、停电试验要求、停电试验项目及方法；第三章介绍电流互感器的基本结构、停电试验要求、停电试验项目及方法；第四章介绍断路器的基本结构、停电试验要求、停电试验项目及方法；第五章介绍并联电容器的基本结构、停电试验要求、停电试验项目及方法；第六章介绍电抗器的基本结构、停电试验要求、停电试验项目及方法；第七章介绍避雷器的基本结构、停电试验要求、停电试验项目及方法；第八章介绍 GIS 设备的基本结构、停电试验要求、停电试验项目及方法。本书在编写过程中参考了大量资料、文献，在此对这些资料和文献的作者表示感谢。

由于编者水平有限，在本书编写过程中，难免会出现一些疏漏和不妥之处，请广大读者予以批评指正。

编　者

2020 年 5 月

目录
Contents

Chapter One | 第一章

变压器停电试验

第一节 变压器概述

变压器是利用电磁感应原理，以相同的频率在两个或更多的绕组之间变换电压或电流的一种静止电气设备。自 19 世纪以来，变压器被广泛应用于输变电系统和配电系统中，已成为电力系统最基本和重要的设备之一。

一、 变压器的基本原理

变压器的基本原理是电磁感应，无论是单相还是三相电力变压器，在其构成磁路的铁芯柱上，都装有一、二次绕组。现以单相双绕组（或三相中一相）变压器为例来说明，它由两个绕组和铁芯组成，工作原理如图 1－1 所示。

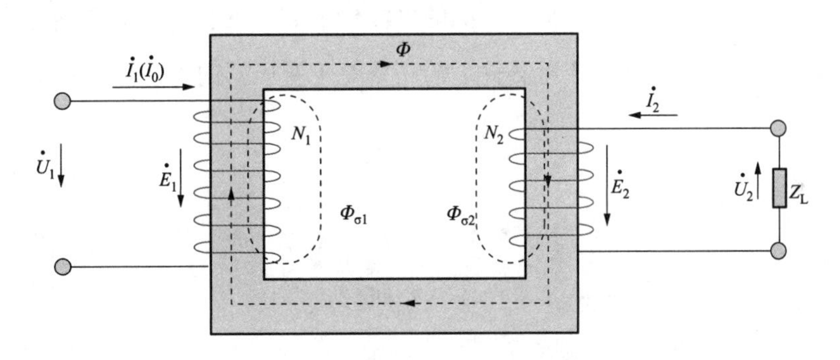

图 1－1 变压器工作原理示意图

当匝数为 N_1 的一次绕组（可以是高压侧，也可以是低压侧）接到频率为 f、电压为 $\dot{U}_1$ 的交流电源时，很小的励磁电流 $\dot{I}_0$ 就在铁芯中产生主磁通 Φ，以及铁芯外回路的漏磁通 $\Phi_{\sigma1}$ 和 $\Phi_{\sigma2}$。交变的磁通 Φ 在一、二次绕组中感应出电动势 $\dot{E}_1$ 和 $\dot{E}_2$，则二次绕组产生电压 $\dot{U}_2$。当二次绕组接有负载 Z_L 时，有电流 $\dot{I}_2$ 流过，而此时的一次电流由空载时 $\dot{I}_0$ 变为 $\dot{I}_1$。

当忽略绕组电阻及漏磁电抗时，由法拉第电磁感应定律可得

$$\dot{U}_1 = \dot{E}_1 = 4.44fN_1\Phi_m = 4.44f\mathrm{N}_1B_mS$$

$$\dot{U}_2 = \dot{E}_2 = 4.44fN_2\Phi_m = 4.44f\mathrm{N}_2B_mS$$

式中　f——频率，Hz；

N_1、N_2——一、二次绕组的匝数；

Φ_m——主磁通的最大值，Wb；

B_m——主磁感应强度的最大值，T；

S——铁芯截面积，m^2。

如令变压器的变比为

$$k = \frac{U_1}{U_2}$$

即

$$\frac{U_1}{U_2} = \frac{N_1}{N_2} = k$$

可见，一、二次绕组的电压比等于匝数比。因此，只要改变两个绕组中任一绕组的匝数，就可以改变一、二次绕组的电压比，从而实现改变电压的目的。

变压器通过电磁耦合关系，将一次侧的电能传输到二次侧去，如果忽略漏磁因素，即变压器本身损耗不计，则向变压器输入的功率等于变压器向外输出的功率，即

$$U_1 I_1 = U_2 I_2$$

所以

$$I_1 / I_2 = U_2 / U_1 = 1/k$$

说明变压器一、二次电流与一、二次绕组匝数成反比。

二、变压器的分类

（1）按相数分为单相变压器和三相变压器。

（2）按绝缘介质分为干式变压器和油浸式变压器。

（3）按用途分为电力变压器、仪用变压器、试验变压器和特种变压器（如电炉变压器、整流变压器和调整变压器等）。

（4）按绕组形式分为双绕组变压器、三绕组变压器和自耦变压器。

（5）按铁芯形式分为芯式变压器、非晶合金变压器（非晶合金铁芯变压器采用新型导磁材料使得空载电流下降约80%，是目前节能效果较理想的配电变压器，特别适用于

农村电网和发展中地区等负荷率较低的地区）和壳式变压器（用于大电流的特殊变压器，如电炉变压器、电焊变压器或用于电子仪器及电视、收音机等的电源变压器）。

（6）按调压方式分为无励磁调压变压器和有载调压变压器。

三、 变压器的基本结构

本章以常用的油浸式变压器（常见结构如图 1－2 所示）为例对变压器基本结构进行介绍，其主要结构部件有铁芯、绕组、油箱和套管等。

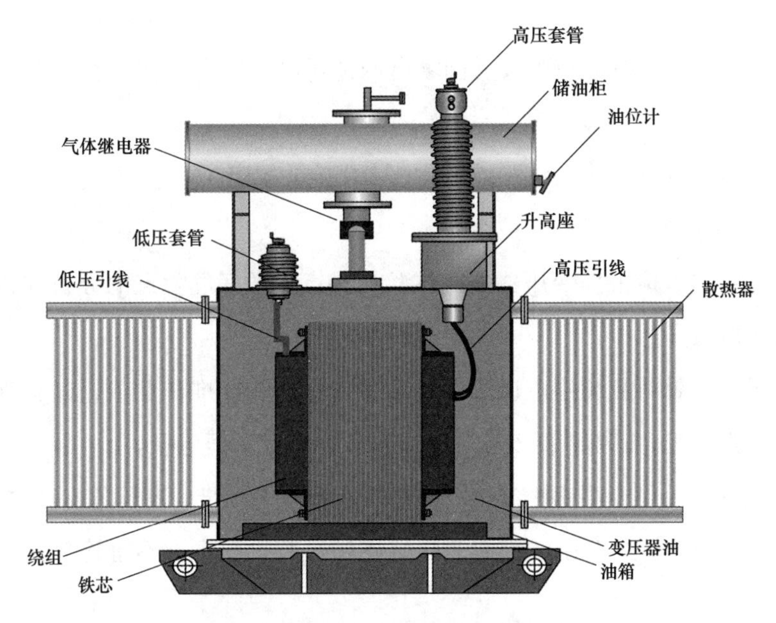

图 1－2　油浸式变压器基本结构示意图

第二节　变压器停电试验要求

一　人员要求

（1）熟悉现场安全作业要求，能够严格遵守电力生产和工作现场相关管理规定，并经 Q/GDW 1799.1《国家电网公司电力安全工作规程　变电部分》考试合格。

（2）身体状况和精神状态良好，未出现疲劳困乏或情绪异常。

（3）了解现场试验条件，熟悉高处作业的安全措施。

（4）了解变压器结构特点、工作原理、运行状况和设备典型故障的基础知识。

（5）试验负责人应熟悉变压器停电试验的相关项目、试验方法、诊断方法、缺陷定性方法、相关规程标准要求，熟悉各种影响试验结果的因素及消除方法。

（6）试验人员应具备必要的电气知识和高压试验技能，熟悉相关试验仪器的原理、结构、用途及其正确使用方法。

（7）高压试验工作不得少于两人，试验负责人应由有经验的人员担任。

二、 安全要求

（1）严格执行Q/GDW 1799.1《国家电网公司电力安全工作规程　变电部分》中的相关规定。

（2）严格执行保证安全的组织措施和技术措施的规定。

（3）正确使用合格的劳动保护用品。

（4）试验负责人应根据变压器停电试验的特点，做好危险点的分析和预想，并提出相应的预防措施。

（5）试验前应针对相关停电试验项目准备工作票和标准作业卡，试验负责人应对全体试验人员详细交代试验中的安全注意事项，并留存书面记录。

（6）试验前应装设专用遮栏或围栏，并向外悬挂“止步，高压危险!”标示牌，必要时应派专人监护，监护人在试验期间应始终履行监护职责，不得擅自离开现场或兼任其他工作。

（7）上下变压器时，作业人员应系好安全带，做好防滑措施，使用便携工具包，严禁上下抛掷工具、攀爬套管。

（8）被试设备的金属外壳应可靠接地；高压引线应尽量缩短，必要时用绝缘物固定牢固。

（9）接取试验电源时，应两人进行，一人监护，一人操作。

（10）试验前后应对被试设备进行充分放电并接地，避免剩余电荷或感应电荷伤人、损坏试验仪器。

（11）加压前必须认真检查试验接线，确认接线无误后，通知有关人员离开被试设备，并在取得试验负责人的许可后方可开始加压，加压过程应有人监护并呼唱。

（12）试验过程中，试验人员应保持精力集中，发生异常情况时应立即断开电源，待查明原因后方可继续进行试验。

（13）全部试验结束后应恢复分接开关挡位至初始挡位，套管末屏、铁芯夹件应可靠接地。

三、 环境要求

除非另有规定，否则试验应在满足环境条件相对稳定且符合以下条件时进行。

（1）环境温度不宜低于5℃。

（2）环境相对湿度不宜大于80%。

（3）绝缘表面应清洁、干燥。

（4）禁止在有雷电时或邻近高压设备处使用绝缘电阻表，以免发生危险。

（5）绝缘油取样需采用专用工器具在密闭条件下进行。

第三节 变压器停电试验项目及方法

根据Q/GDW 1168—2013《输变电设备状态检修试验规程》要求，变压器停电试验项目包括绝缘油试验绕组直流电阻及消磁试验、绝缘电阻试验、介质损耗因数及电容量试验、有载分接开关动作特性试验、低电压短路阻抗试验、频响法绕组变形试验、相应试验要求见表1－1，具体流程如图1－3所示。

表1－1 变压器停电试验要求

序号	试验项目	基准周期	试验标准	说明
1	绕组电阻	220kV及以上：3年	（1）1.6MVA以上变压器，各相绕组电阻相间的差别不应大于三相平均值的2%（警示值），无中性点引出的绕组，线间差别不应大于三相平均值的1%（注意值）；1.6MVA及以下的变压器，相间差别一般不大于三相平均值的4%（警示值），线间差别一般不大于三相平均值的2%（注意值）；（2）同相初值差不超过±2%（警示值）	—
2	铁芯绝缘电阻	110（66）kV及以上：3年；35kV及以下：4年	≥100MΩ（新投运1000 MΩ）（注意值）	绝缘电阻测量采用2500V（老旧变压器用1000V）绝缘电阻表

续表

序号	试验项目	基准周期	试验标准	说明
3	绕组绝缘电阻	110（66）kV 及以上：3 年； 35kV 及以下：4 年	（1）无显著下降； （2）吸收比应大于等于 1.3 或极化指数应大于等于 1.5 或绝缘电阻大于 10000MΩ（注意值）	采用 5000V 绝缘电阻表测量
4	绕组绝缘介质损耗因数	110（66）kV 及以上：3 年； 35kV 及以下：4 年	（1）330kV 及以上：≤0.5%（注意值）； （2）110（66）~220kV：0.8%（注意值）； （3）35kV 及以下：1.5%（注意值）	—
5	短路阻抗测量		（1）容量 100MVA 以下且电压等级 220kV 以下的变压器，初值差不超过 ±2%； （2）容量 100MVA 以上且电压等级 220kV 以上的变压器，初值差不超过 ±1.6%； （3）容量 100MVA 以下且电压等级 220kV 以下的变压器三相之间的最大相对互差不应大于 2.5%； （4）容量 100MVA 以上或电压等级 220kV 以下的变压器三相之间的最大相对互差不应大于 2%	—
6	频响法绕组变形		当绕组频率扫描响应曲线（频响曲线）与原始记录基本一致时，即绕组频响曲线的各个波峰、波谷点所对应的幅值及频率基本一致时，可以判定被测试绕组没有变形	一般采用与历史试验方法相同的接线方式
7	有载分接开关检查	110（66）kV 及以上：3 年； 35kV 及以下：4 年	在绕组电阻测试之前检查动作特性，测量切换时间；有条件时测量过渡电阻，电阻值初值差不超过 ±10%	—
8	油中溶解气体分析	330kV 及以上：3 月； 220kV：半年； 35~110（66）kV：1 年	（1）乙炔： 1）≤1μL/L（330kV 及以上）； 2）≤5μL/L（其他）（注意值）。 （2）氢气≤150μL/L（注意值）； （3）总烃≤150μL/L（注意值）； （4）绝对产气速率：≤12mL/d（隔膜式）（注意值）或≤6mL/d（开放式）（注意值）； （5）相对产气率：≤10%/月（注意值）	—

续表

序号	试验项目	基准周期	试验标准		说明
9	绝缘油例行试验	330kV 及以上：1年；220kV 及以下：3 年	击穿电压	（1）≥60kV（警示值），750kV； （2）≥50kV（警示值），500kV； （3）≥45kV（警示值），330kV； （4）≥40kV（警示值），220kV； （5）≥35kV（警示值），110（66）kV； （6）≥30kV（警示值），30kV	—
			水分	（1）≤15mg/L（注意值），330kV 及以上； （2）≤25mg/L（注意值），220kV； （3）≤35mg/L（注意值），110（66）kV	
			介质损耗因数	（1）≤0.02（注意值），500kV 及以上； （2）≤0.04（注意值），330kV 及以下	
			酸值	≤0.1mg KOH/g（注意值）	
			油中含气量（V/V）	（1）变压器：≤3%，500（330）kV≤2%，750kV； （2）电抗器：≤5%，500（330）kV 及以上	
10	套管绝缘电阻	110（66）kV 及以上：3 年	（1）主绝缘：≥10000 MΩ（注意值）； （2）末屏对地：≥1000 MΩ（注意值）		—
11	套管电容量和介质损耗因数	110（66）kV 及以上：3 年	（1）电容量初值差不超过 ±5%（警示值）； （2）介质损耗因数 tanδ 满足表 1－2 要求（注意值）		—

表 1－2　　介质损耗因数 tanδ

U_m（kV）	126/72.5	252/363	≥550
tanδ	≤0.01	≤0.008	≤0.007

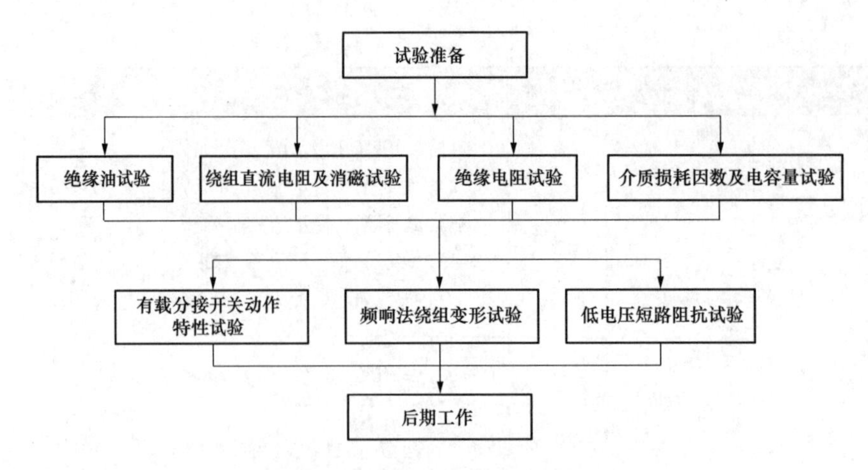

图 1-3 变压器停电试验流程图

一、 试验准备

1. 技术资料准备

开展变压器停电试验前根据标准报告格式要求编制试验报告，按试验需求准备相应的技术资料，如厂家技术说明书、出厂试验报告、交接试验报告、上次例行试验报告等。试验前检查并确认被试变压器状态、现场情况。

2. 试验仪器准备

按实际需求配备各类仪器仪表，经检查应完好合格，试验仪器必须具备有效的检定合格证书。试验仪器清单见表 1-3。

表 1-3 试验仪器清单

序号	仪器设备及工器具	准确级	规格	数量
1	变压器消磁仪	—	—	1 台
2	介质损耗测试仪	1.0 级	3~60000pF，0.5~10kV，分辨率 0.001%	1 台
3	直流电阻测试仪	0.2 级	0~4Ω，5A，分辨率 1μΩ	1 台
4	有载分接开关测试仪	1.0 级	0~250ms，3 通道，输出 1A	1 台
5	绝缘电阻测试仪	5.0 级	2500V，5000V，5mA，大于 10000 MΩ	1 台
6	频响法绕组变形测试仪	—	频响法，10Hz~2MHz	1 台
7	低电压短路阻抗测试仪	—	—	1 台
8	数字万用表	1.0 级	AC/DC 0~750V	1 只
9	电源盘	—	220V	1 个
10	工具箱	—	—	1 个

续表

序号	仪器设备及工器具	准确级	规格	数量
11	绝缘垫	—	—	1 张
12	绝缘手套	—	—	1 双

3. 现场人员分工

现场试验人员不得少于 4 人，具体人员配置及分工见表 1－4。

表 1－4　　人员配备一览表

人员配备	人数	作业人员要求
工作负责人（专责监护人）	1	必须持有高压专业相关职业资格证书并经批准上岗，必须熟悉 Q/GDW 1799.1 的相关知识，并经考试合格
操作人	1	应身体健康、精神状态良好，必须具备必要的电气知识，掌握本专业作业技能
记录及改接线人	2	应身体健康、精神状态良好，必须具备必要的电气知识，掌握本专业作业技能

4. 现场试验范围布置

现场试验要求按照电气试验管理进行，布置安全围栏并向外悬挂“止步，高压危险！”标示牌，在工作地点放置“在此工作！”标示牌，在安全围栏进出口放置“由此进出！”标示牌等。试验操作人员应站在绝缘垫上进行操作。试验时，所有人员应与带电部位保持足够的安全距离。现场试验布置图如图 1－4 所示。

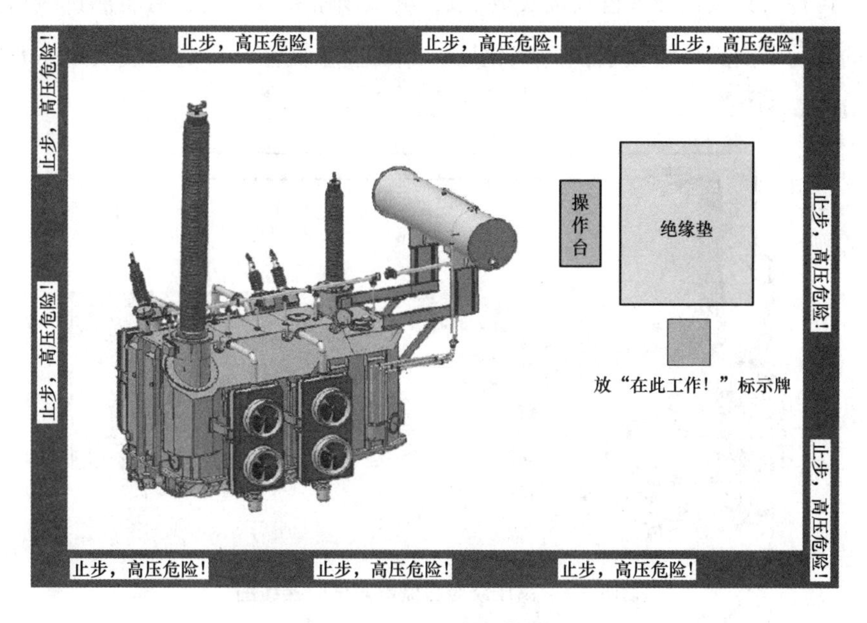

图 1－4　现场试验布置图

二、 绕组直流电阻试验

1. 试验目的及意义

检查绕组内部导线接头的焊接、压接质量，引线与绕组接头的焊接质量，绕组所用导线的规格是否符合设计要求，分接开关、引线与套管等载流部分的接触是否良好，三相电阻是否平衡，分接开关实际位置与指示位置是否相符，内部导线有无部分断路、匝间短路等现象。

2. 试验方法及接线

试验步骤：

（1）记录试验现场的环境温度、湿度，记录绕组温度、上层油温（一般以被试变压器上层油温作为绕组平均温度）。

（2）对直流电阻测试仪进行接地，先接接地端，后接仪器端，确保接地线牢固、可靠。

（3）进行高压绕组（A－Ao）直流电阻试验时，试验接线如图 1－5 所示，两根测试线一端分别接到直流电阻测试仪的＋I、＋U 和－I、－U 端子，并确保连接可靠牢固；另一端测试线钳夹分别接到高压绕组 A 和 Ao 套管的搭头接线板处（为避免由于测试线的自重导致钳夹脱落，可将测试线在套管搭头处缠绕绑扎或者使用绝缘胶带绑扎牢固后，再将钳夹接到套管搭头接线板上），测试线钳夹接好后，可将测试线钳夹进行小幅度的转动以消除接线板表面的氧化层，保证接触良好，避免造成误差；非被试绕组 Am、a、x 悬空。

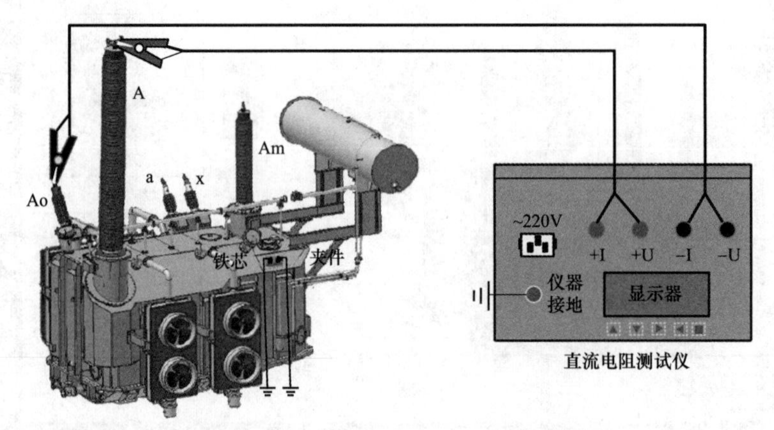

图 1－5　高压绕组直流电阻试验接线图

进行中压绕组（Am－Ao）直流电阻试验时，测试线的钳夹分别更换接到中压绕组Am和Ao套管的搭头接线板处；非被试绕组A、a、x悬空。

进行低压绕组（a－x）直流电阻试验时，测试线的钳夹分别更换接到低压绕组a和x套管的搭头接线板处；非被试绕组A、Am、Ao悬空。

（4）检查并确认接线无误，查看并确认变压器上无人工作后方可开始试验，试验过程应注意大声呼唱。

（5）操作直流电阻测试仪，开机启动后，首先选择测试电流值（绕组直流电阻试验电流不宜超过20A），然后开始测试，试验过程中操作人员应把手放在电源开关附近，以在异常情况发生时及时切断电源。

（6）待数据稳定后，记录数值R。

（7）记录完毕，按复位键通过测试仪内放电回路对绕组进行放电，释放试验过程中绕组所储存的能量，放电完毕（蜂鸣器停止鸣响），即可断开电源。

进行中压绕组直流电阻试验时，对于无载分接开关，每个挡位下的绕组直流电阻试验完毕后，必须先按复位键通过测试仪进行放电后，再切换分接进行下一个挡位的试验，所有挡位的绕组直流电阻试验完毕后，将分接开关挡位切换至试验初始状态下的挡位，并再次进行此挡位下的绕组直流电阻试验，确保分接开关接触良好；对于有载分接开关，每个挡位下的绕组直流电阻试验完毕后，无需进行复位放电，直接切换分接开关即可进行下一个挡位的绕组直流电阻试验，所有挡位的绕组直流电阻试验完毕后，将分接开关挡位恢复到试验初始状态下的挡位即可。

（8）将试验数据按照式（1－1）进行温度换算并与历史试验数据比较，试验数据合格，则可变更试验接线或切换分接开关挡位测量另一个绕组的直流电阻；若试验数据不合格，则应重新进行试验，再次试验前应检查测试线钳夹与接线板是否接触良好。对中压绕组直流电阻测试，若出现数据不合格情况，可对分接开关挡位进行来回切换操作，磨合分接头以消除分接开关可能由于氧化层导致接触不良的问题。

（9）所有绕组直流电阻试验结束后，对试验数据进行横向对比分析判断，得出结论。

（10）试验结束后，拆除试验线。

（11）绕组直流电阻试验结束后，需要进行消磁试验。

3. 温度换算

变压器绕组直流电阻在不同温度下的直流电阻值按下式换算

$$\frac{R_2}{R_1} = \frac{T + t_2}{T + t_1} \tag{1-1}$$

式中　R_1、R_2——温度为 t_1、t_2 时的直流电阻值；

T——计算用常数，铜导线取235，铝导线取225。

三、消磁试验

1. 试验目的及意义

变压器剩磁的产生是由铁磁材料固有的磁滞特性所决定的，一般在变压器绕组直流电阻试验、空载试验后，变压器铁芯会残留一定的剩余磁通。

当变压器空载充电时，剩磁使变压器铁芯半周饱和，产生较大的励磁涌流，易使继电保护装置误动作，同时励磁涌流过大还可能引起变压器器身振动，致使变压器油液面波动从而触发重瓦斯保护动作。因此，在变压器投运前必须进行消磁，确保变压器安全正常运行。

2. 试验方法及接线

试验步骤：

（1）消磁试验接线如图1－6所示，变压器消磁仪输出端子其中一端子引出测试线接高压套管A，另一端子引出测试线接中性点套管Ao，其他套管均悬空。

（2）变压器消磁仪开机自检，进行参数设置后，启动消磁，等待消磁进度达100%，变压器消磁结束，关闭消磁仪电源。

（3）试验结束，拆除试验接线，清理现场。

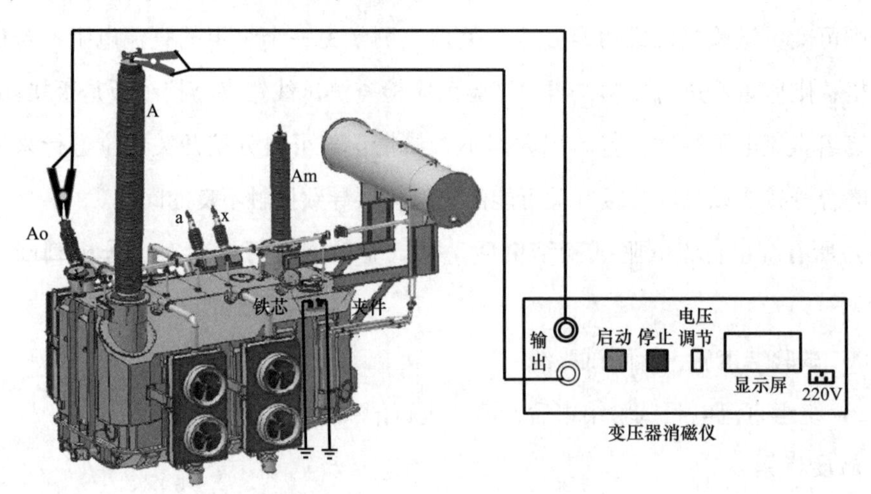

图1－6　消磁试验接线图

四、 绝缘电阻试验

1. 试验目的及意义

绝缘电阻值等于在绝缘体上所施加的直流电压与流过的电流的比值。电力设备在直流电压作用下，绝缘体中流过的电流由泄漏电流、电容电流和吸收电流三部分组成。其中，泄漏电流（或称传导电流）是由介质的电导引起的，是一个恒定的电流；电容电流与被试品电容量和施加电压大小有关，其电流值按指数曲线衰减，衰减的时间常数取决于试验回路的电容和电阻量（一般不超过几秒钟）；吸收电流是由绝缘体中各种介质极化所引起的，去掉外施电压后绝缘体上仍保留一定电压，吸收电流的大小和衰减速度与绝缘体的均匀程度密切相关。

绝缘电阻随时间变化而变化的关系可反映绝缘状况，时间为60s 和 15s 时所测得的绝缘电阻值之比，称为吸收比 K，即 $K = R_{60}/R_{15}$ ，绝缘良好时 K 一般为 1.3 ~1.5；对于某些容量较大的设备，由于其绝缘的极化和吸收过程很长，吸收比 K 并不能充分反应绝缘吸收过程的整体，而且随着电气设备绝缘结构和规模的不同，在最初 60s 内吸收过程的发展趋向与其后整体过程的发展趋向也不一定很一致，所以制定了另一个指标，取绝缘体在加压后 10min 和 1min 所测得的绝缘电阻值 R_{10} 与 R_1 之比值，称之为极化指数 P ，即 $P = R_{10}/R_1$ ，绝缘良好时 P 一般为 1.5 ~2.0。

测量变压器绕组连同套管一起的绝缘电阻、吸收比或极化指数，是检查变压器整体的绝缘状况最基本的方法。一般情况下，绝缘电阻试验对变压器整体受潮、部件表面受潮、脏污以及贯穿性集中缺陷（如贯穿性短路、瓷件破裂、引线接壳、器身内部导线引起的贯通性或金属性短路等）具有较高的灵敏性。

2. 试验方法及接线

（1）高、中压绕组对低压绕组及地绝缘电阻，低压绕组对高、中压绕组及地绝缘电阻试验。试验步骤：

1）记录试验现场的环境温度、湿度，在变压器顶层油温低于50℃时进行。

2）先将绝缘电阻表 E 端接地，确保接线牢固可靠。

3）进行变压器高、中压绕组对低压绕组及地绝缘电阻试验时，试验接线如图 1 –7 所示，用裸铜线将高、中压绕组 A、Am、Ao 短接并接绝缘电阻表 L 端，用裸铜线将低压绕组 a、x 短接并接地，铁芯、夹件保持接地。

进行变压器低压绕组对高、中压绕组及地绝缘电阻试验时，低压绕组 a、x 短接并接绝缘电阻表L端，高、中压绕组A、Am、Ao短接并接地，铁芯、夹件保持接地。

试验时套管表面应清洁、干燥。

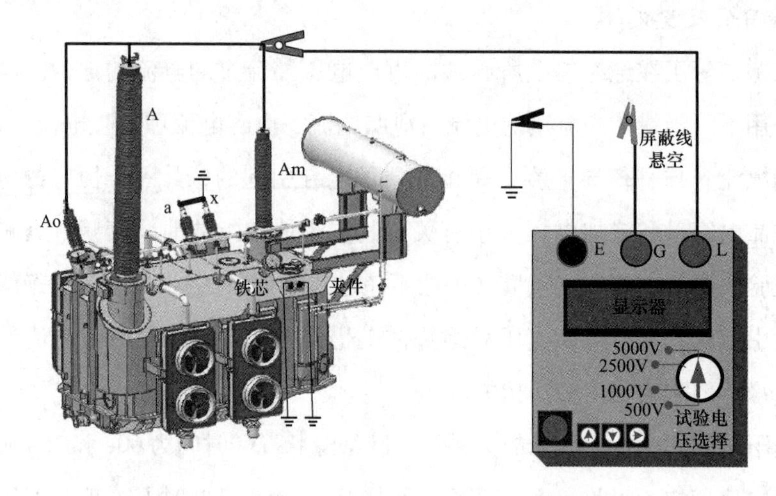

图1-7　高中对低及地绝缘电阻试验接线图

4）检查并确认接线无误，查看并确认变压器上无人工作后方可开始试验，试验过程应注意大声呼唱。

5）操作绝缘电阻表，选择合适的电压挡位（采用5000V电压挡，输出电流不小于3mA），启动开始试验，试验过程中操作人员应把手放在电源开关附近，以在异常情况发生时及时切断电源。

6）试验过程中，分别记录15s和60s时绝缘电阻表的数值；当需要测量极化指数时，还应记录600s时绝缘电阻表的绝缘电阻值。

7）试验结束后，若所用绝缘电阻表具备自放电功能，可直接按停止键停止绝缘电阻表高压输出，再关闭电源，最后挂上接地线接地并取下高压端L；若所用绝缘电阻表不具备自放电功能，应先停止绝缘电阻表高压输出并关闭电源，然后使用放电棒对被试绕组进行放电并接地，最后将绝缘电阻表高压端L取下。

8）更改试验接线，进行下一项绝缘电阻试验。

（2）铁芯、夹件绝缘电阻试验。试验步骤：

1）先将绝缘电阻表E端接地，确保接线牢固可靠。

2）进行铁芯绝缘电阻试验时，试验接线如图1-8所示，先将铁芯套管的接地线断开（夹件仍保持接地），然后将绝缘电阻表L端接铁芯套管的接线端，其他绕组短接并接地。

进行夹件绝缘电阻试验时，先将夹件套管的接地线断开（铁芯仍保持接地），然后将绝缘电阻表 L 端接夹件套管的接线端，其他绕组短接并接地。

注意，将铁芯、夹件接地线断开和恢复时，需小心操作以免损坏铁芯、夹件的引出套管；铁芯、夹件套管表面应清洁、干燥；铁芯、夹件绝缘电阻试验完毕后应立即恢复。

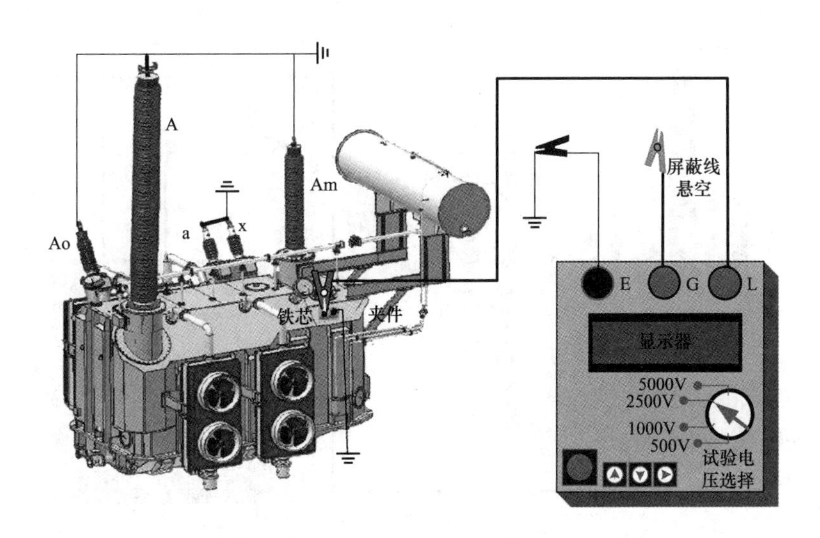

图 1－8　铁芯绝缘电阻试验接线图

3）检查并确认接线无误，查看并确认变压器上无人工作后方可开始试验，试验过程应注意大声呼唱。

4）操作绝缘电阻表，选择合适的电压挡位（采用 2500V 电压挡，老旧变压器则使用 1000V 绝缘电阻表进行测量），启动测试，试验过程中操作人员应把手放在电源开关附近，随时警戒异常情况发生。

5）试验过程中，记录 60s 时绝缘电阻表的数值。

6）试验结束后，若所用绝缘电阻表具备自放电功能时，可直接按停止键停止绝缘电阻表高压输出，再关闭电源，最后挂上接地线接地并取下高压端 L；若所用绝缘电阻表不具备自放电功能时，应先停止绝缘电阻表高压输出并关闭电源，然后使用放电棒对被试绕组进行放电并接地，最后将绝缘电阻表高压端 L 取下。

7）更改试验接线，进行下一项绝缘电阻试验。

（3）套管末屏对地绝缘电阻试验。试验步骤：

1）先将绝缘电阻表 E 端接地，确保接线牢固可靠。

2）进行高压套管末屏绝缘电阻试验时，试验接线如图 1－9 所示，先将高压套管末屏接地线断开并接绝缘电阻表高压端L，各绕组、铁芯、夹件均应为接地状态。

同理，进行中压套管、低压套管和中性点套管末屏绝缘电阻试验时，对应的将被试套管末屏接地线断开并接绝缘电阻表高压端L，各绕组、铁芯、夹件均应为接地状态。

注意，套管末屏的绝缘电阻试验时应保持其清洁、干燥。

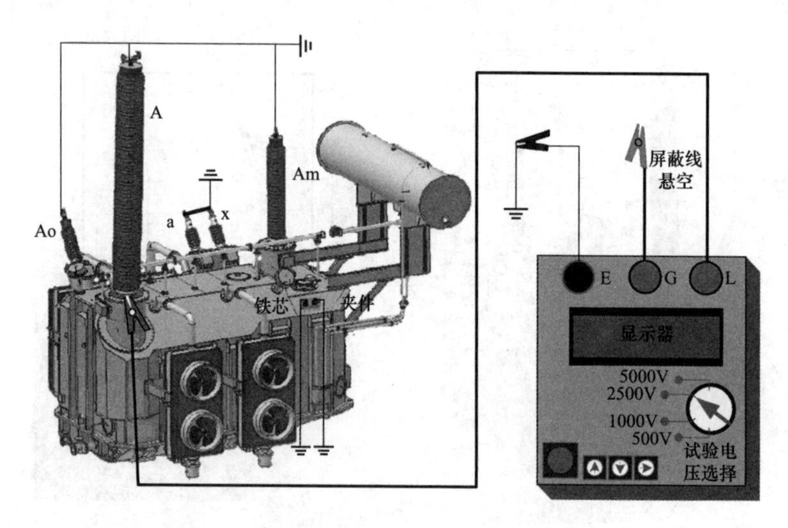

图1-9　高压套管末屏绝缘电阻试验接线图

3）检查并确认接线无误，查看并确认变压器上无人工作后方可开始试验，试验过程应注意大声呼唱。

4）操作绝缘电阻表，选择合适的电压挡位（采用2500V电压挡），启动测试，试验过程中操作人员应把手放在电源开关附近，随时警戒异常情况发生。

5）试验过程中，记录60s时绝缘电阻表的数值。

6）试验结束后，若所用绝缘电阻表具备自放电功能时，可直接按停止键停止绝缘电阻表高压输出，再关闭电源，最后挂上接地线接地并取下高压端L；若所用绝缘电阻表不具备自放电功能时，应先停止绝缘电阻表高压输出并关闭电源，然后使用放电棒对被试绕组进行放电并接地，最后将绝缘电阻表高压端L取下。

7）试验完毕后，应及时恢复末屏接地，以免遗漏。

8）对试验数据进行分析判断，得出结论。

9）拆除试验接线，清理现场。

3. *温度换算*

当绝缘电阻受温度影响时，可按下述公式计算

$$R_2 = R_1 \times 1.5^{(t_1 - t_2)/10}$$

式中　R_1、R_2——温度为 t_1、t_2 时的绝缘电阻。

五、 介质损耗因数及电容量试验

1. 试验目的及意义

介质损耗因数 $\tan\delta$（%）是判断变压器绝缘状态的一种较有效的手段，主要用来检查变压器整体受潮、油质劣化及严重的局部缺陷等，但不一定能发现变压器局部受潮等集中性局部缺陷。

2. 试验方法及接线

（1）绕组介质损耗因数及电容量试验。试验步骤：

1）记录试验现场的环境温度、湿度。

2）先将介质损耗测试仪接地，确保接线牢固可靠。

3）进行高、中压绕组对低压绕组及地介质损耗因数和电容量试验时，试验接线如图 1－10 所示，用裸铜线将高、中压绕组 A、Am、Ao 短接并接介质损耗测试仪高压输出端（屏蔽线夹悬空），用裸铜线将低压绕组 a、x 短接并接地，铁芯、夹件保持接地。

进行低压绕组对高、中压绕组及地介质损耗因数和电容量试验时，低压绕组 a、x 短接后接介质损耗测试仪高压输出端（屏蔽线夹悬空），高、中压绕组 A、Am、Ao 短接并接地，铁芯、夹件保持接地。

进行变压器高、中、低压绕组对地介质损耗因数和电容量试验时，高、中、低压绕组 A、Am、Ao、a、x 全部短接后接介质损耗测试仪高压输出端（屏蔽线夹悬空），铁芯、夹件保持接地。

注意，由于变压器外壳均直接接地，所以绕组介质损耗因数和电容量试验采用反接法；接线时，应注意高压线应不触碰外壳、套管绝缘瓷套和法兰，可用绝缘胶带绑扎悬空，避免影响试验结果；试验时套管表面应清洁、干燥。

4）检查并确认接线无误，查看并确认变压器上无人工作后方可开始试验，试验过程中应注意大声呼唱。

5）操作介质损耗测试仪，选择反接法，试验电压选择 10000V，启动开始试验，试验过程中操作人员应把手放在“高压允许”开关上，随时警戒异常情况发生。

6）试验结束后，先关闭“高压允许”开关，然后再记录介损和电容量数值，并对试验数据进行分析判断，得出结论。

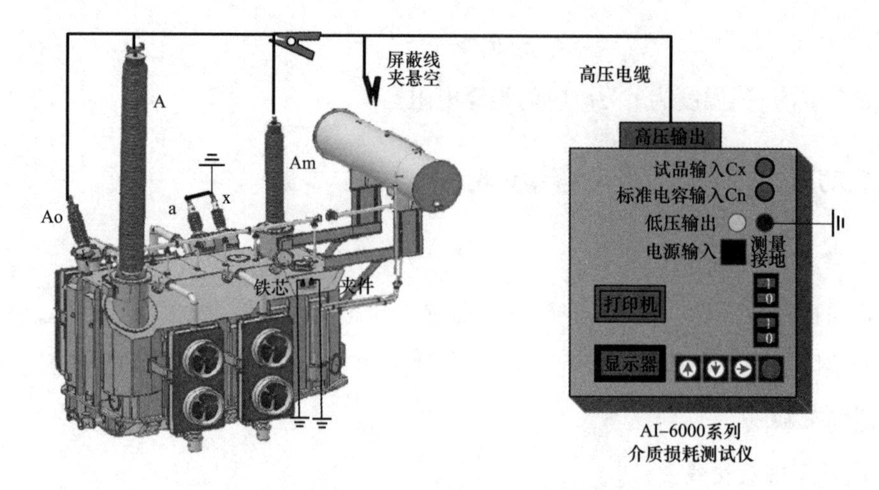

图 1-10 高、中压绕组对低压绕组及地介质损耗因数和电容量试验接线图

7）关闭电源，使用放电棒对被试绕组进行放电并接地。

8）更改试验接线，进行下一项试验。

（2）套管介质损耗因数及电容量试验。试验步骤：

1）记录试验现场的环境温度、湿度。

2）先将介质损耗测试仪接地，确保接线牢固可靠。

3）进行高压套管 A 介质损耗因数及电容量试验时，试验接线如图 1-11 所示，将高、中压绕组 A、Am、Ao 短接并接介质损耗测试仪高压输出端（屏蔽线夹悬空），小心地将高压套管的末屏接地线断开，将介质损耗测试仪的 Cx 线接上高压套管末屏（屏蔽线夹悬空），将低压绕组 a、x 短接并接地，铁芯、夹件保持接地。

进行中压套管 Am 介质损耗因数及电容量试验时，将高、中压绕组 A、Am、Ao 短接并接介质损耗测试仪高压输出端（屏蔽线夹悬空），小心地将中压套管的末屏接地线断开，将介质损耗测试仪的 Cx 线接上中压套管末屏（屏蔽线夹悬空），将低压绕组 a、x 短接并接地，铁芯、夹件保持接地。

进行中性点套管介质损耗因数及电容量试验时，用裸铜线将高、中压绕组 A、Am、Ao 短接并接介质损耗测试仪高压输出端（屏蔽线夹悬空），小心地将高压侧中性点套管的末屏接地线断开，将介质损耗测试仪的 Cx 线接上高压侧中性点套管末屏（屏蔽线夹悬空），将低压绕组 a、x 短接并接地，铁芯、夹件保持接地。

进行低压套管 a 介质损耗因数及电容量试验时，将低压绕组 a、x 短接并接介质损耗测试仪高压输出端（屏蔽线夹悬空），小心地将低压套管的末屏接地线断开，将介质损耗测试仪的 Cx 线接上低压套管末屏（屏蔽线夹悬空），将高、中压绕组 A、Am、Ao

短接并接地，铁芯、夹件保持接地。

进行低压套管 x 介质损耗因数及电容量试验时，将低压绕组 a、x 短接并接介质损耗测试仪高压输出端（屏蔽线夹悬空），小心地将低压套管的末屏接地线断开，将介质损耗测试仪的 Cx 线接上低压套管末屏（屏蔽线夹悬空），将高、中压绕组 A、Am、Ao 短接并接地，铁芯、夹件保持接地。

注意，套管介质损耗因数及电容量试验采用正接法；接线时，应注意高压线应不触碰外壳或套管瓷瓶，可用绝缘胶带绑扎悬空；试验时套管表面应清洁、干燥；每次只能解开一个套管的末屏，每个套管末屏试验完毕后，均应立即将末屏恢复，以免遗漏。

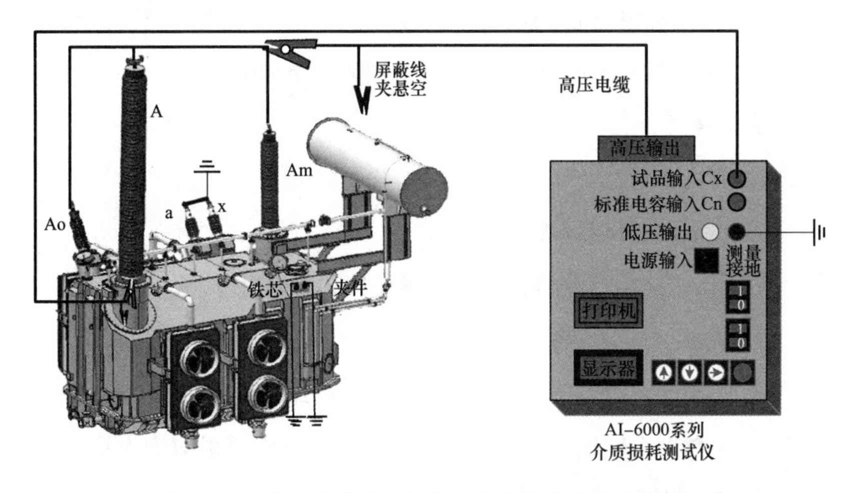

图 1-11　高压套管介质损耗因数及电容量试验接线图

4）试验接线完成后，试验负责人检查试验接线并确认无误后操作人方可进行试验；操作人员应站在绝缘垫上，查看并确认变压器上无人工作后即可开始进行试验，试验过程应注意大声呼唱。

5）操作介质损耗测试仪，选择正接法，试验电压选择 10000V，启动开始试验，试验过程中操作人员应把手放在“高压允许”开关上，随时警戒异常情况发生。

6）试验结束后，先关闭“高压允许”开关，然后再记录介质损耗因数和电容量数值，并对试验数据进行分析判断，得出结论。

7）关闭电源，使用放电棒对套管进行放电并接地。

8）恢复所测套管的末屏接地。

9）更改试验接线，重复 3）~8）步骤将所有套管的介质损耗因数及电容量试验完毕。

10）试验结束，拆除试验接线，清理现场。

六、 低电压短路阻抗试验

1. 试验目的及意义

短路阻抗是变压器的一个重要参数，它表明变压器内阻抗的大小，即变压器在额定负荷运行时变压器本身的阻抗压降大小，变压器突发短路时，短路阻抗对短路电流的大小具有决定性的作用。

短路阻抗试验是鉴定运行中变压器受到短路电流的冲击，或在运输和安装时受到机械力撞击后，检查其绕组是否变形的最直接方法，它对于判断变压器能否投入运行具有重要的意义，也是判断变压器是否进行解体检查的依据之一。

2. 试验方法及接线

试验步骤：

（1）记录试验现场的环境温度、湿度。

（2）先将变压器短路阻抗测试仪接地，确保接线牢固可靠。

（3）进行高压绕组对低压绕组短路阻抗试验时，试验接线如图 1－12 所示，测试仪 Ua、Ia 引出的测试线夹子接高压套管 A，Ux、Ix 引出的测试线夹子接中性点套管 Ao，低压绕组 a、x 短接不接地，中压套管 Am 悬空。高压绕组对中压绕组、中压绕组对低压绕组短路阻抗试验接线与之类似。

进行高压绕组对中压绕组、中压绕组对低压绕组短路阻抗试验时，应分别在最小分接位置、额定分接位置和最大分接位置下进行。

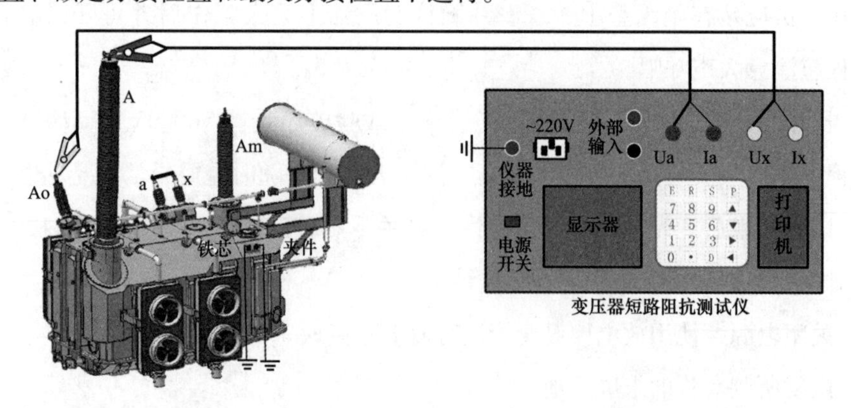

图 1－12　高压绕组对低压绕组短路阻抗试验接线图

（4）试验接线完成后，试验负责人复查接线并确认变压器上无人工作后方可进行试验，试验时操作人员应站在绝缘垫上，试验过程注意大声呼唱。

（5）变压器短路阻抗测试仪开机自检，选择合适的试验电流进行试验，试验电流可用额定电流，也可低于额定值，但不宜小于5A。

（6）记录短路阻抗数值，并对试验数据进行分析判断，得出结论。

（7）关闭电源，使用放电棒进行放电并接地。

（8）调挡或改接线完成所有短路阻抗试验。

（9）试验结束，拆除试验接线，恢复分接开关挡位至初始挡位，清理现场。

七、 有载分接开关动作特性试验

1. 试验目的及意义

有载分接开关是一种为变压器在负载变化时提供恒定电压的开关装置，其基本原理是在保证不中断负载电流的情况下，实现变压器绕组中分接头之间的切换，从而改变绕组的匝数，即变压器的电压比，最终实现调压的目的。

对变压器进行有载分接开关动作特性试验是为了检查：①有载分接开关各导电连接部位的接触情况是否符合要求；②有载分接开关内部是否存在断路或短路；③过渡触头的电气寿命、储能机构弹簧是否断裂或失效。

2. 试验方法及接线

试验步骤：

（1）记录试验现场的环境温度、湿度。

（2）先将变压器有载分接开关测试仪接地，确保接线牢固可靠。

（3）有载分接开关动作特性试验接线如图1－13所示，由测试仪Ua、Ia引出测试线接到中压套管Am端，Uo、Io引出测试线接到中性点套管Ao端，低压绕组a、x短接接地。

（4）试验接线完成后，试验负责人复查接线并确认变压器上无人工作后方可进行试验，试验时操作人员应站在绝缘垫上，试验过程注意大声呼唱。

（5）变压器有载分接开关测试仪开机自检，选择合适试验电流，待电阻数据稳定后开始试验，调节分接开关挡位，分别记录分接开关单→双、双→单的动作时间及波形，并对试验数据进行分析判断，得出结论。

（6）试验结束后，拆除试验接线，恢复分接开关挡位至初始挡位，清理现场。

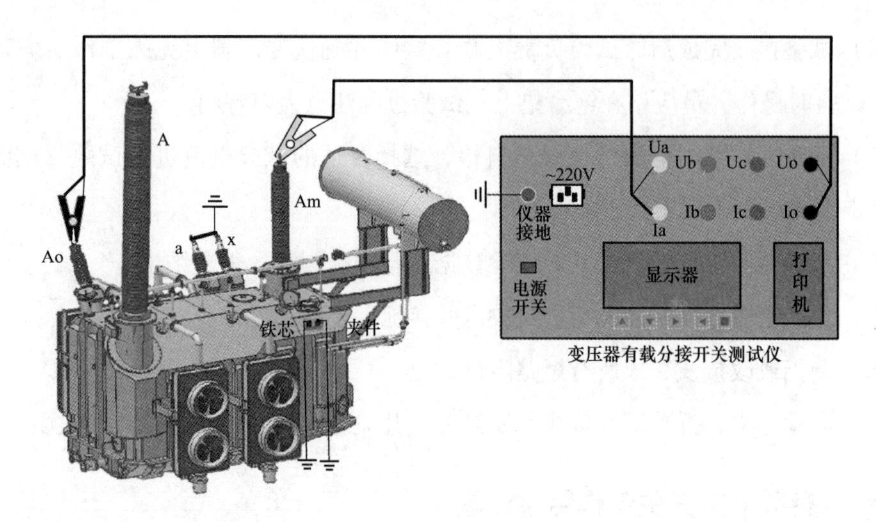

图 1－13　有载分接开关动作特性试验接线图

八、 频响法绕组变形试验

1. 试验目的及意义

变压器在安装完成后，其特征参数电容、电感基本保持不变。近几年来，随着电力系统容量的增长，短路容量也在增大，出口短路后造成绕组损坏事故的数量也有上升趋势。在运行中遭受出口或近区短路的冲击时，绕组的几何形状会发生不可逆转的变化，包括变压器发生铁芯的位移或绕组发生扭曲、鼓包、匝间短路等绕组轴向或径向尺寸的变化现象，从而引起特征参数发生改变，检测变压器绕组变形的基本方法就是通过对其特征参数的测量和比较，判断变压器绕组是否存在损伤。

频响法由绕组一端对地注入扫描信号源，测量绕组两端口特性参数的频域函数。通过分析端口参数的频域图谱特性，判断绕组的结构特征，从而实现诊断绕组变形情况的目的。

2. 试验方法及接线

试验步骤：

（1）进行频响法绕组变形测试前，应先对变压器进行消磁。

（2）记录试验现场的环境温度、湿度。

（3）连接变压器绕组变形测试仪接地线，并确保接线牢固可靠。

（4）注意，接线前应使用万用表检查测试线是否完好；接线时，两根测试线的接地线与变压器铁芯、夹件和外壳使用同一个接地点；两根测试线及其屏蔽线接到绕组上时，应注意避免触碰到套管的均压环和绝缘瓷套，不可缠绕，可用绝缘胶带绑扎悬挂。

（5）频响法绕组变形试验接线如图 1－14 所示，将变压器绕组变形测试仪激励端和参考端引出的测试线接到中性点套管 Ao，将变压器绕组变形测试仪响应端引出的测试线接到高压套管 A；其他套管均悬空，铁芯、夹件保持接地。进行中压绕组和低压绕组频响曲线测试时，接线与之类似。

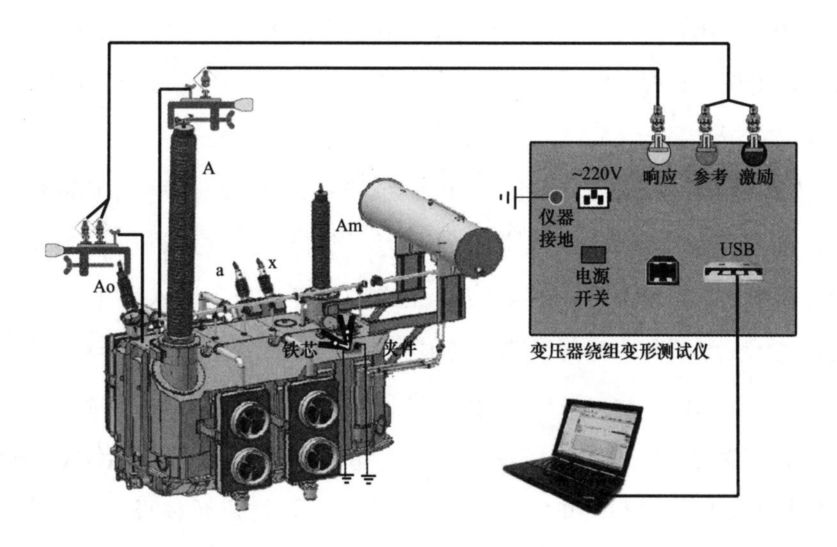

图 1－14　频响法绕组变形试验接线图

（6）试验接线完成后，试验负责人检查试验接线并确认无误后操作人方可进行试验；操作人员应站在绝缘垫上，查看并确认变压器上无人工作后即可开始进行试验，试验过程应注意大声呼唱。

（7）接通变压器绕组变形测试仪电源，操作绕组测试仪电脑软件，确保笔记本电脑与测试仪连接通信正常，建立被试变压器基本档案信息，然后开始进行绕组变形测试。

（8）绕组频响曲线测试结束后，将测试结果与出厂或交接试验的频响曲线进行对比判断，得出结论。

（9）绕组频响曲线数据合格，中断信号输出关闭仪器电源后，即可更换测试绕组，重复（5）～（8）的步骤。

（10）所有绕组频响曲线测试完成后，拆除测试线，清理现场。

九、 绝缘油试验

1. 试验目的及意义

分析油中溶解气体的组分和含量是监视充油设备安全运行的最有效措施之一。该方法适用于充有矿物质绝缘油和以纸或层压板为绝缘材料的电气设备。对判断充油电气设备内部故障有价值的气体包括：氢气（H_2）、甲烷（CH_4）、乙烷（C_2H_6）、乙烯（C_2H_4）、乙炔（C_2H_2）、一氧化碳（CO）、二氧化碳（CO_2）。定义总烃为烃类气体含量的总和，即甲烷、乙烷、乙烯和乙炔含量的总和。

2. 试验方法及步骤

（1）取油样：将变压器取油口的“死油”经三通阀排掉；转动三通阀使少量油进入注射器；转动三通阀并推压注射器芯子，排出注射器内的空气和油；转动三通阀使油样在压力作用下自动进入注射器（不应拉注射器芯子，以免吸入空气）。当取到足够的油样时，关闭三通阀和取样阀，取下注射器，用小胶头封闭注射器（尽量排尽小胶头内的空气）。整个操作过程应特别注意保持注射器芯子干净，以免卡涩。

（2）油样的保存：装有油样的注射器上应贴有包括变电站设备名称、取样时间、取样部位等相关信息的标签，并放置于专用油箱中，注意避光和密封保存。为保证试验数据的准确性，尽量避免雨天取油。

（3）利用气相色谱法分析油中溶解气体必须将溶解的气体从油中脱出来，再注入色谱仪进行组分和含量的分析。目前油化分析室常用的脱气方法为溶解平衡法。

（4）调节试油体积：将100mL玻璃注射器中的多余油样推出，准确调节注射器心至40mL刻度处，立即用橡胶封帽将注射器出口密封。

（5）注入平衡载气：用载气清洗注气用注射器1~2次后，将5mL平衡载气缓慢注入体积为40mL的试油中。

（6）振荡平衡：将经过步骤（5）处理过的注射器放入恒温定时振荡器内，且将注射器头部出口小嘴至于下方。启动振荡器，在50℃下连续振荡20min，再静置10min。

（7）进样标定：待色谱仪工况稳定后，准确抽取1mL已知各组分浓度的标准混合气（在使用期内）对仪器进行标定。进样前检验密封性能，保证进样注射器和针头密封性，如密封不好应更换针头或注射器。标定仪器应在仪器运行工况稳定且相同的条件下进行，两次标定的重复性应在其平均值的±2%以内。

（8）转移平衡气：将震荡并静置后的油样取出，立即将其中的平衡气体通过双头针转移到另一 5mL 注射器内，在室温下放置 2min 后准确读取其体积（精确到 0.1mL），以备色谱分析用。在平衡气体转移过程中，采用微正压法转移，不允许拉动取气注射器芯塞。

（9）进样操作：用规格为 1mL 的注射器取 1mL（特殊情况可小于 1mL）平衡气体注入色谱仪内进行组分分析、浓度计算。为保证数据的真实性，应注意所使用注射器的清洁度，防止标气与样品气或样品气间可能产生的交叉污染。样品分析应与仪器标定使用同一支进样注射器，取相同进样体积。

（10）重复性和再现性：取两次平行试验结果的算术平均值为测定值。重复性：油中溶解气体浓度大于 10μL/L 时，两次测定值之差应小于平均值的 10%；油中溶解气体浓度小于等于 10μL/L 时，两次测定值之差应小于平均值的 15% 加两倍该组分气体最小检测浓度之和。再现性：两个试验室测定值之差的相对偏差，在油中溶解气体浓度大于 10μL/L 时，为小于 15%；小于等于 10μL/L 时，为小于 30%。

（11）对试验数据进行分析判断，得出结论。

Chapter Two | 第二章

电容式电压互感器停电试验

第一节　电压互感器概述

电压互感器具有在电力系统的电能计量、继电保护、自动控制等装置中将高电压变换成低电压的功能，在线运行数量多，因而其工作的可靠性对整个电力系统的安全运行具有非常重要的意义。电容式电压互感器（capacitance type voltage transformer，CVT）因其分压电容可兼作耦合电容器，同时具有绝缘强度高、制作简单、体积小、经济性显著等优点，被广泛应用于110kV及以上系统。因此本章主要介绍电容式电压互感器。

一、电容式电压互感器的基本原理

电容式电压互感器通过串联电容器分压，经中间变压器降压隔离，为电能计量、继电保护、自动控制等装置提供信号，起到保护及监视一次设备的作用，同时可将载波频率耦合到输电线路上用于通信、高频保护和遥控等。

电容式电压互感器从中间变压器高压端处将电容分成两部分，一般称下部电容为分压电容 C_2，上部电容为主电容 C_1。当外加电压为 U_1 时，电容 C_2 上分得的电压为 U_2。调节 C_1 和 C_2 的大小，即可得到不同的分压比。

$$U_2 = \frac{C_1}{C_1 + C_2} U_1$$

为保证 C_2 上的电压不随负载电流的变化而变化，在中间变压器一次侧串联一适当的电感L，即电抗器。当把电抗器的电抗调整为 $\omega L = 1/\omega\ (C_1 + C_2)$ 时，电源的内阻抗为零，经过中间变压器变换二次侧的负载电流就可以大大减小，电容分压器的输出容量（或额定容量）将不受测量精度的限制。以220kV电容式电压互感器为例，其原理图如图2－1所示。

电容式电压互感器通过电容分压后，中间变压器一次侧电压一般为13000V，中间变压器二次侧一般有三个绕组：主二次绕组用于测量，电压为 $100/\sqrt{3}$V；辅助二次绕组用于继电保护，电压为 $100/\sqrt{3}$V；附加二次绕组接成开口三角形用于监视系统的接地故

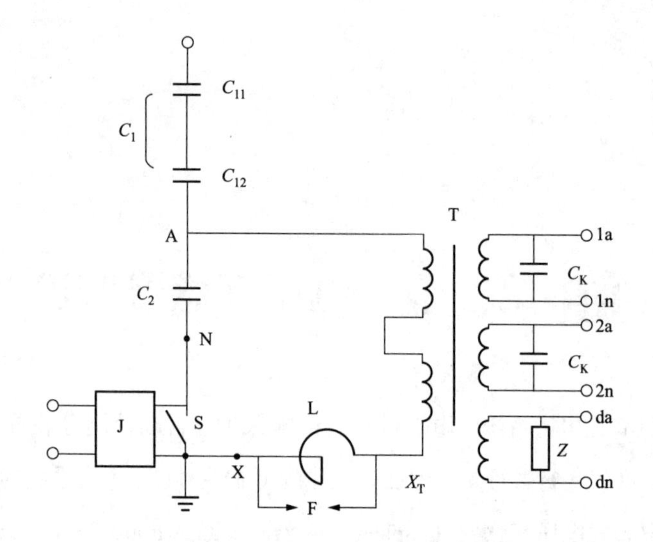

图 2-1　电容式电压互感器原理图

C_1—主电容；C_2—分压电容；F—保护间隙；L—电抗器；T—中压变压器；Z—阻尼电阻；C_K—防振电容器；S—接地开关；J—载波耦合装置

障，电压为100V。阻尼电阻 Z 接在附加二次绕组上，用于抑制谐波的产生。

二、 电容式电压互感器的分类

电容式电压互感器按结构分类一般有两种：一种是单元式结构，其电容分压器和电磁单元相互独立，可在现场组装，中压线外露；另一种是整体式结构，电容分压器和电磁单元为一整体，中压线不外露。目前500kV及以下电容式电压互感器大部分采用整体式结构，1000kV电容式电压互感器多采用单元式结构。

三、 电容式电压互感器的基本结构

电容式电压互感器的基本结构主要由电容分压器和电磁单元两部分组成，结构及等效电路如图2-2所示。

（1）电容分压器由电容芯子、瓷套、绝缘油和金属膨胀器组成。电容芯子由若干个膜纸复合绝缘介质与铝箔卷绕的电容元件串联组成，顶部装设金属膨胀器，补偿油体积随温度产生变化。

（2）电磁单元由装在密封油箱内的中间变压器、补偿电抗器和阻尼器等组成。

（3）二次接线盒内装设载波通信端子，并带有过电压保护间隙。

（4）油箱外部装设油位指示窗、二次接线盒、铭牌、放油塞、接地座。

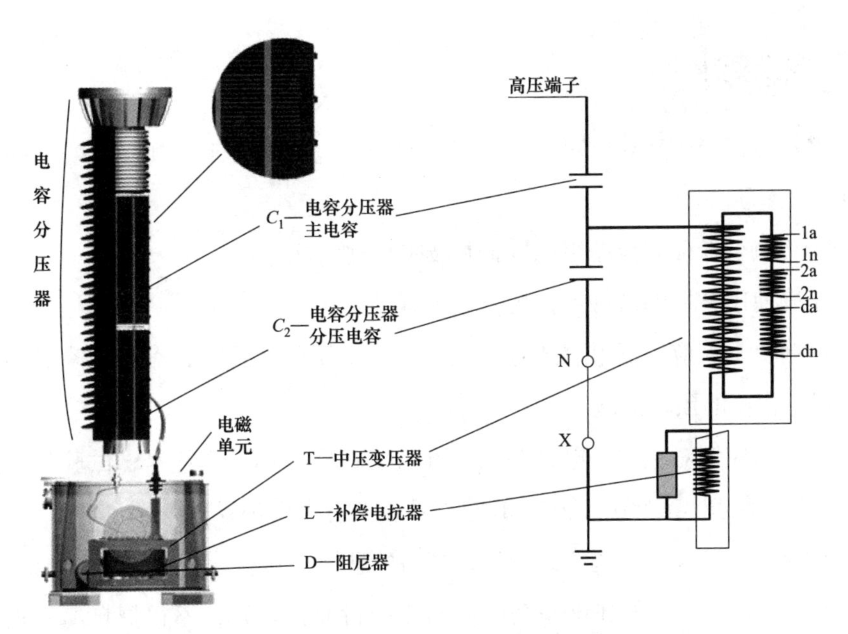

图 2－2　220kV 电容式电压互感器结构及等效电路图

第二节　电容式电压互感器停电试验要求

一、 人员要求

（1）熟悉现场安全作业要求，能够严格遵守电力生产和工作现场相关管理规定，并经 Q/GDW 1799.1《国家电网公司电力安全工作规程　变电部分》考试合格。

（2）身体状况和精神状态良好，未出现疲劳困乏或情绪异常。

（3）了解现场试验条件，熟悉高处作业的安全措施。

（4）了解电容式电压互感器结构特点、工作原理、运行状况和设备典型故障的基础知识。

（5）试验负责人应熟悉电容式电压互感器停电试验的相关项目、试验方法、诊断方法、缺陷定性方法、相关规程标准要求，熟悉各种影响试验结果的因素及消除方法。

（6）试验人员应具备必要的电气知识和高压试验技能，熟悉相关试验仪器的原理、结构、用途及其正确使用方法。

（7）现场试验人员不宜少于 4 人；试验负责人应由有经验的人员担任。

二、 安全要求

（1）严格执行 Q/GDW 1799.1《国家电网公司电力安全工作规程　变电部分》中的相关规定。

（2）严格执行保证安全的组织措施和技术措施的规定。

（3）正确使用合格的劳动保护用品。

（4）试验负责人应根据电容式电压互感器停电试验的特点，做好危险点的分析和预想，并提出相应的预防措施。

（5）试验前应针对相关停电试验项目准备工作票和标准作业卡，试验负责人应对全体试验人员详细交代试验中的安全注意事项，并有书面记录。

（6）试验前应装设专用遮栏或围栏，并向外悬挂“止步，高压危险!”标示牌，必要时应派专人监护，监护人在试验期间应始终履行监护职责，不得擅自离开现场或兼任其他工作。

（7）登高作业时，作业人员应系好安全带，做好防滑措施，使用便携工具包，严禁上下抛掷工具。

（8）被试设备的金属外壳应可靠接地；高压引线应尽量缩短，必要时用绝缘物固定牢固。

（9）接取试验电源时，应两人进行，一人监护，一人操作。

（10）试验前后应对被试设备进行充分放电并接地，避免剩余电荷或感应电荷伤人、损坏试验仪器。

（11）加压前必须认真检查试验接线，确认接线无误后，通知有关人员离开被试设备，并取得试验负责人的许可后方可开始加压，加压过程应有人监护并呼唱。

（12）试验过程中，试验人员应保持精力集中，发生异常情况时应立即断开电源，待查明原因后方可继续进行试验。

（13）电容式电压互感器末端绝缘薄弱，利用自激法测量下节电容的介质损耗因数及电容量时，应严格控制施加电压幅值在制造厂商要求范围内（一般为 3kV）；试验需要断开二次回路引线时，接线恢复错误可能会影响设备正常运行，要求拆前做好标记，试验结束后恢复并进行检查。

三、 环境要求

除非另有规定，否则试验应在满足环境条件相对稳定且符合以下条件时进行。

（1）环境温度不宜低于5℃。

（2）环境相对湿度不宜大于80%。

（3）现场区域满足试验安全距离要求。

第三节　电容式电压互感器停电试验项目及方法

根据Q/GDW 1168—2013《输变电设备状态检修试验规程》要求，电容式电压互感器停电试验项目包括绝缘电阻试验、介质损耗因数及电容量试验，相应试验要求见表2－1，具体流程如图2－3所示。

表2－1　电容式电压互感器停电试验要求

序号	试验项目	基准周期	试验标准	说明
1	绝缘电阻	110（66）kV及以上：3年	（1）极间绝缘电阻大于等于5000MΩ（注意值）； （2）二次绕组绝缘电阻大于等于10MΩ（注意值）	—
2	介质损耗因数及电容量测试	110（66）kV及以上：3年	（1）电容量初值差不超过±2%（警示值）； （2）介质损耗因数 $\tan\delta$：≤0.005（油纸绝缘）（注意值）；≤0.0025（膜纸复合）（注意值）	—

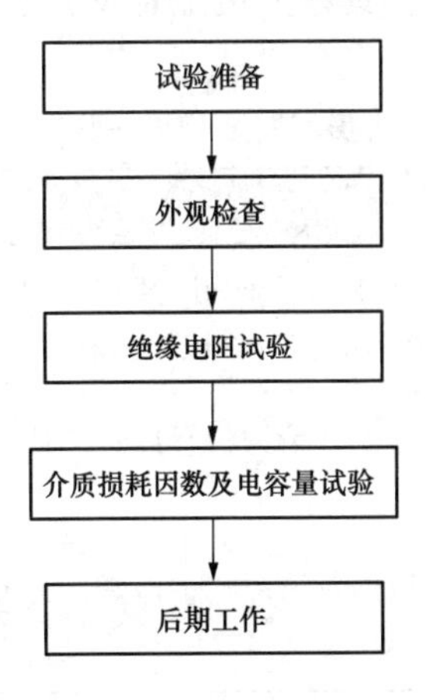

图2－3　电容式电压互感器停电试验流程图

一、 试验准备

1. 技术资料准备

开展电容式电压互感器停电试验前根据标准报告格式要求编制试验报告，按试验需求准备相应的技术资料，如设备的缺陷情况、需要整改的反事故措施情况、厂家技术说明书、出厂试验报告、交接试验报告、技术协议等。

2. 试验仪器准备

按实际需求配备各类仪器仪表，经检查应完好合格，试验仪器必须具备有效的检定合格证书。试验仪器配备见表 2 – 2。

表 2 – 2　　试验仪器配备表

序号	仪器设备及工器具	准确级	规格	数量
1	数字万用表	1.0 级	AC/DC 0 ~ 750V	1 只
2	绝缘电阻测试仪	5.0 级	2500V/5000V，5mA，大于 10000MΩ	1 台
3	介质损耗测试仪	1.0 级	3 ~ 6000pF，0.5 ~ 10kV，分辨率 0.001%	1 台
4	温湿度计	±1℃	−5 ~ 50℃	1 只
5	电源盘	—	220V	2 个
6	工具箱	—	—	1 个
7	绝缘垫	—	—	1 张
8	绝缘手套	—	—	1 双

3. 现场人员分工

现场试验人员不宜少于 4 人，具体人员配置及分工见表 2 – 3。

表 2 – 3　　人员配置及分工一览表

人员配备	人数	作业人员要求
工作负责人（安全监护人）	1	必须持有高压专业相关职业资格证书并经批准上岗，必须熟悉 Q/GDW 1799.1 的相关知识，并经考试合格
操作人	1	应身体健康、精神状态良好，必须具备必要的电气知识，掌握本专业作业技能
记录及改接线人	2	应身体健康、精神状态良好，必须具备必要的电气知识，掌握本专业作业技能

4. 现场试验范围布置

现场试验要求按照电气试验管理进行安全围栏布置，悬挂“止步，高压危险!”标示牌、“在此工作!”标示牌、“由此进出!”标示牌等。试验操作人员应站在绝缘垫上进行操作。试验时，所有人员应与带电部位保持足够的安全距离，现场试验布置图如图2－4所示。

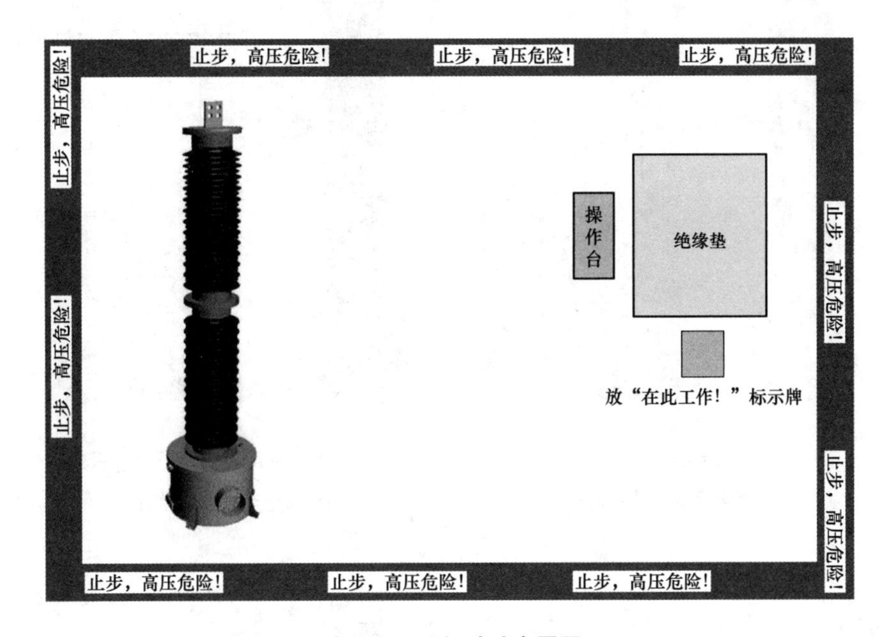

图2－4　现场试验布置图

二、 绝缘电阻试验

1. 试验目的及意义

绝缘电阻试验能有效地发现设备绝缘整体受潮、脏污、贯通的集中性缺陷，以及绝缘击穿和严重过热老化等缺陷。电容分压器末端N点对地绝缘电阻试验能有效地检测电容式电压互感器进水受潮缺陷。

绝缘电阻试验不能有效发现未贯通的集中性缺陷和绝缘整体老化（仍保持高阻值）缺陷。

2. 试验方法及接线

电容式电压互感器绝缘电阻试验包括极间绝缘和二次绕组绝缘，各部位绝缘电阻试验原理图如图2－5～图2－8所示。试验时，绝缘电阻表的接线端子L接于被试设备的高压导体上，接地端子E接于被试设备的外壳或接地点上，屏蔽端子G接于设备的屏蔽环上，以消除表面泄漏电流的影响，如被试设备表面泄漏电流的影响不大，屏蔽端子 G 可不接。

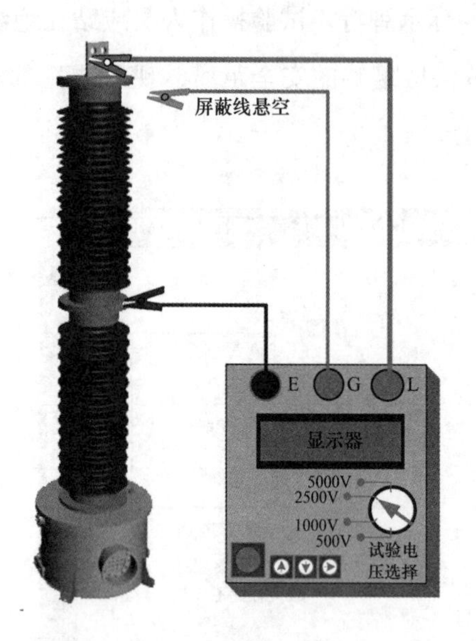

图 2－5　主电容器上节 C_{11} 极间绝缘电阻试验接线图

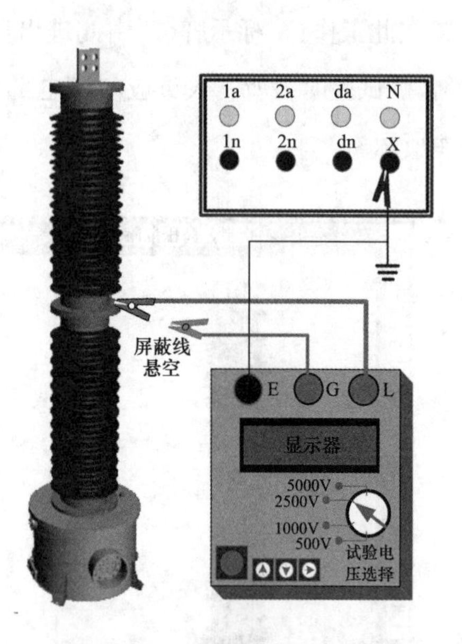

图 2－6　主电容器下节 C_{12} 极间绝缘电阻试验接线图

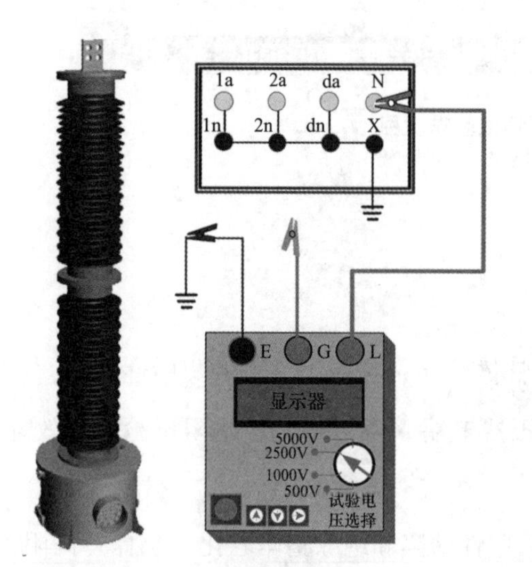

图 2－7　分压电容 C_2 末端 N 对地绝缘电阻试验接线图

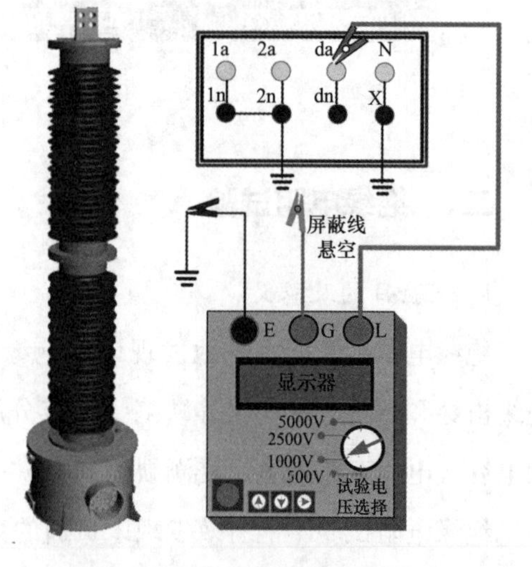

图 2－8　二次绕组间及对地绝缘电阻试验接线图

试验步骤：

（1）记录试验现场的环境温度、湿度。

（2）对被试设备充分放电并可靠接地。

（3）检查绝缘电阻表是否正常，并根据被试部位选择相应的测量电压挡位：①测量一次绕组绝缘电阻时，宜采用2500V电压挡；②测量二次绕组绝缘电阻时，宜采用1000V电压挡（1000kV电压等级宜采用2500V电压挡）；③测量中间变压器绝缘电阻时，宜采用2500V电压挡。

（4）接线完成后经检查确认无误，绝缘电阻表到达额定输出电压后，待读数稳定或60s时，读取绝缘电阻值。

（5）记录试验数据，结果应符合设备技术文件要求。

3. 试验数据分析和处理

若绝缘电阻不满足注意值要求，应综合考虑以下影响因素，再对试验结果做出判断。

（1）所测得的绝缘电阻数值不应小于一般允许值。若低于一般允许值，应进一步分析，查明原因。对电容量较大的高压电气设备的绝缘状况，主要以吸收比和极化指数的大小作为判断的依据。如果吸收比和极化指数有明显下降，说明其绝缘受潮或油质严重劣化。

（2）试验数值的相互比较。在设备未明确规定最低值的情况下，将结果与有关数据进行比较，包括出厂试验、历次检修试验、同型号同批次设备试验数据等，并结合其他试验综合判断。

（3）应排除温度、湿度和脏污的影响。由于温度、湿度、脏污等条件对绝缘电阻的影响很明显，所以对试验结果进行分析时，应排除这些因素的影响，特别应考虑温度的影响。温度的换算可参考下式进行

$$R_2 = R_1 \times 1.5^{(t_1 - t_2)/10}$$

式中　R_1、R_2——温度为 t_1、t_2 时的绝缘电阻值。

三、介质损耗因数及电容量试验

（一）试验目的及意义

介质损耗因数及电容量试验能有效地发现互感器局部集中性或整体分布性的缺陷，配合电容量的变化状况可判断是否存在绝缘老化、受潮或本体缺油现象。

（二）试验方法及接线

220kV 电压等级电容式电压互感器由上、下两节组成，500kV 电压等级电容式电压互感器由上、中、下三节组成，试验接线可参考如下。

1. 上节介质损耗因数及电容量试验

对于 220kV 电压等级电容式电压互感器，由于检修时一般会拆除上部引线，其上节介质损耗因数及电容量试验可采用正接法，接线示意图如图 2－9 所示。

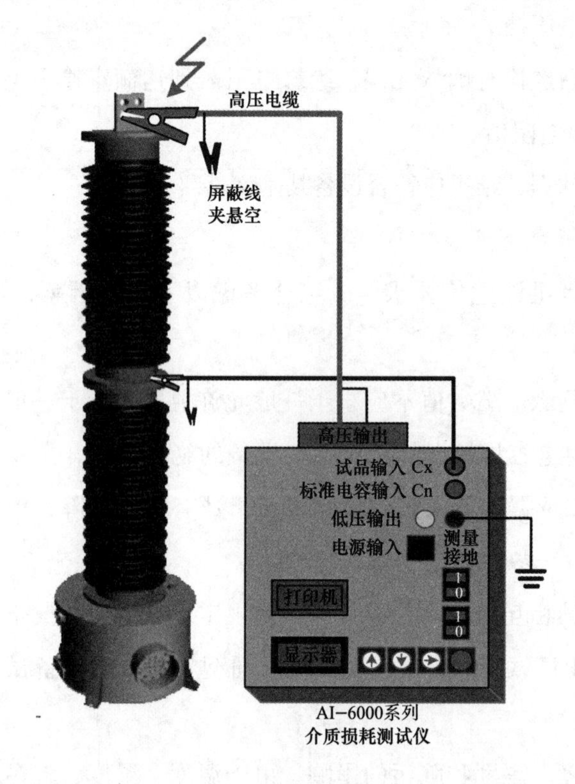

图 2－9　正接法测上节

对于不拆引线的电容式电压互感器按其安装位置的不同，可分为线路、母线和变压器出口电容式电压互感器，对不同安装位置的电容式电压互感器可分别采用正接法、反接屏蔽法进行上节介质损耗因数及电容量试验。

（1）母线和变压器出口电容式电压互感器可采用正接法。由于该电容式电压互感器与 MOA 或变压器并联，不拆高压引线，只拆除变压器中性点接地引线，MOA 及变压器均可承受施加于电容式电压互感器上的 10kV 交流试验电压。流经 MOA 及变压器的电流由试验电源提供，不流过桥体。故并联的变压器、MOA 不会对测量产生影响，而强烈的干扰电流又大部分被试验变压器旁路掉，因此可得到满意的结果。

（2）线路电容式电压互感器可采用反接屏蔽法。由于该电容式电压互感器不经隔离开关而直接与线路相连，故电容式电压互感器上节不可采用正接线，否则试验电压将随线路送出，这是不允许的。实践表明，在感应电压不十分强烈的情况下，采用反接屏蔽法仍能取得满意的结果。其试验接线如图2－10所示。

2. 中节介质损耗因数及电容量试验

500kV及以上电压等级电容式电压互感器中节介质损耗因数及电容量试验，应采用正接法进行，接线示意图如图2－11所示。

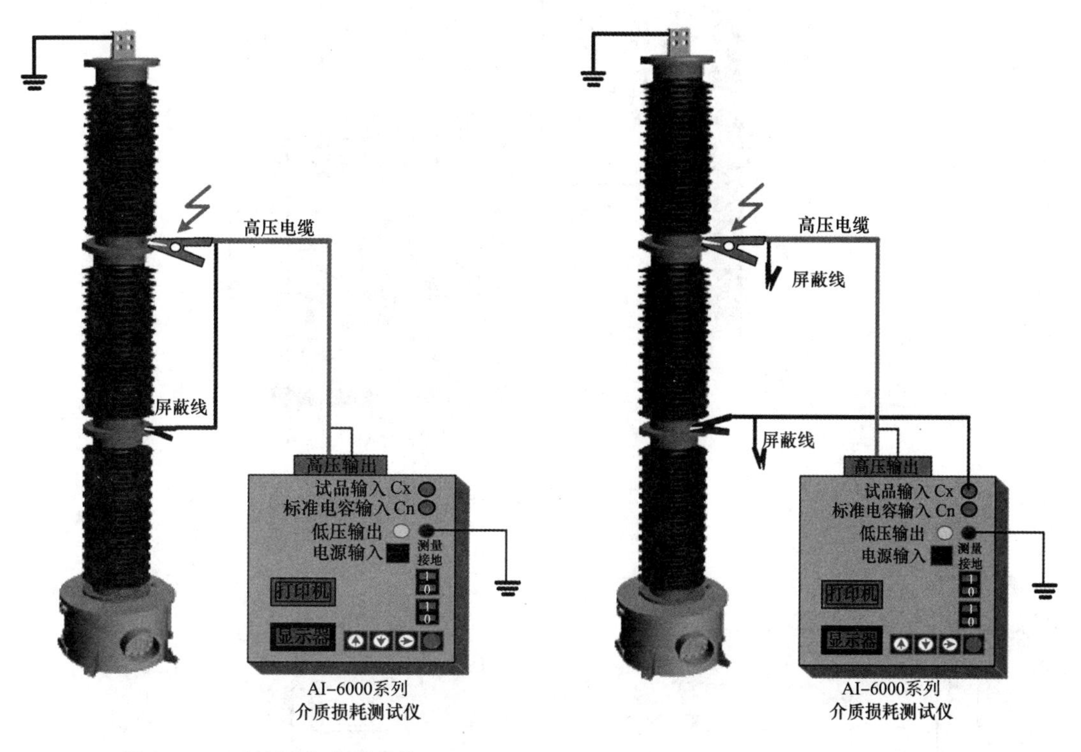

图2－10　反接屏蔽法测上节

图2－11　正接法测中节

3. 下节介质损耗因数及电容量试验

（1）电容单元与电磁单元可以拆开的情况。对于电容单元与电磁单元可以拆开的，电容单元各元件的介质损耗因数及电容量应分别进行，建议尽量采用正接法，试验施加电压为交流10kV，接线示意图如图2－12所示。

（2）电容单元与电磁单元无法拆开的情况。对于电容单元与电磁单元无法拆开且C_1与C_2间无抽头引出的，宜采用自激法接线分别测量电容单元各元件的介质损耗因数及电容量。图2－13和图2－14是用自激法测量下节介质损耗及电容量的接线示意图。

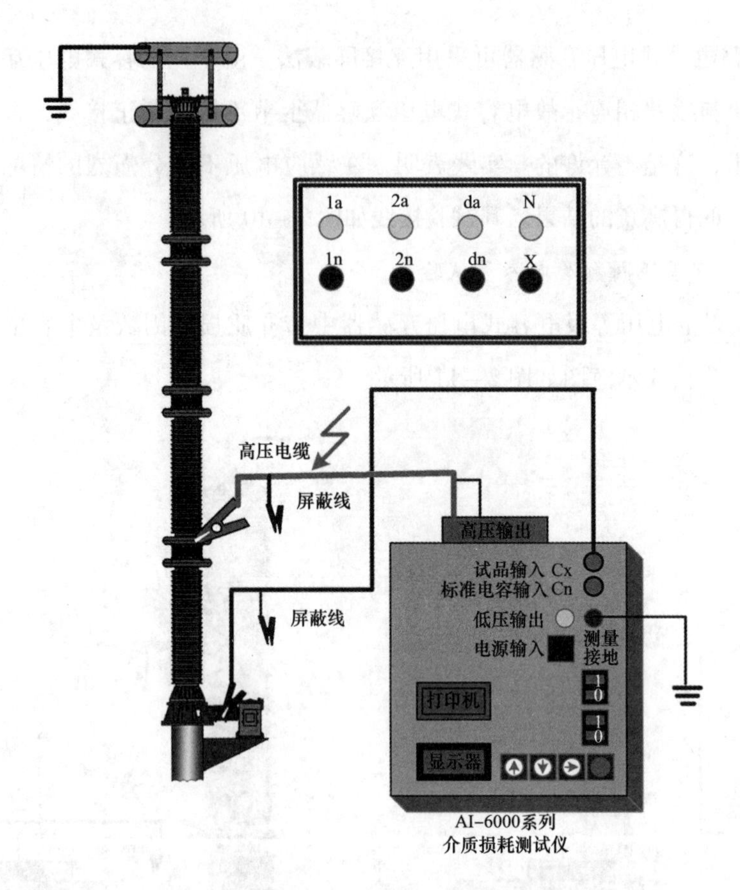

图 2－12　正接法测下节

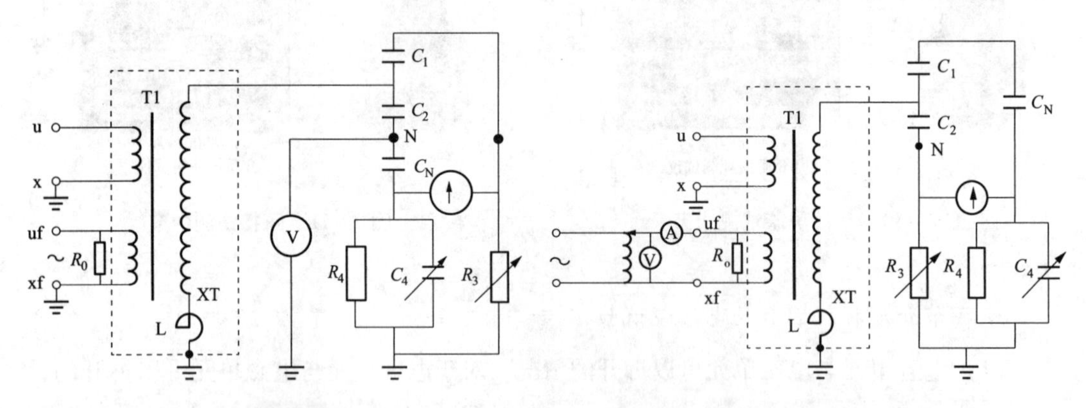

图 2－13　自激法测量主电容 tanδ_1、C_1的接线示意图

图 2－14　自激法测量分压电容 tanδ_2、C_2的接线示意图

数字式自动介损测试仪（自激法）测电容式电压互感器 tanδ 时，其接线示意如图 2－15 所示。

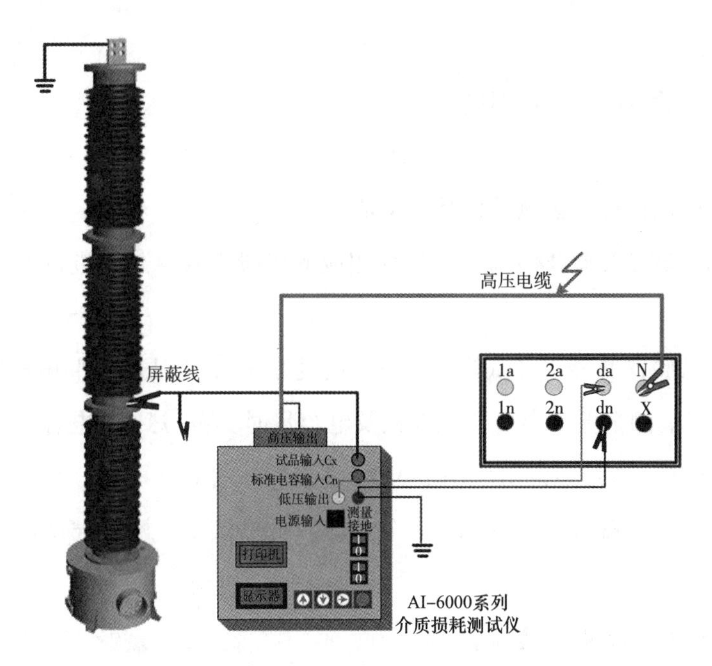

图 2－15　用数字式自动介损测试仪（自激法）测量下节的接线示意图

对于电容单元与电磁单元无法拆开且 C_1 与 C_2 间有抽头引出的，电容单元各元件的介质损耗因数及电容量应分别进行，建议尽量采用正接法，试验施加电压为交流 10kV，接线示意图如图 2－16 和图 2－17 所示。

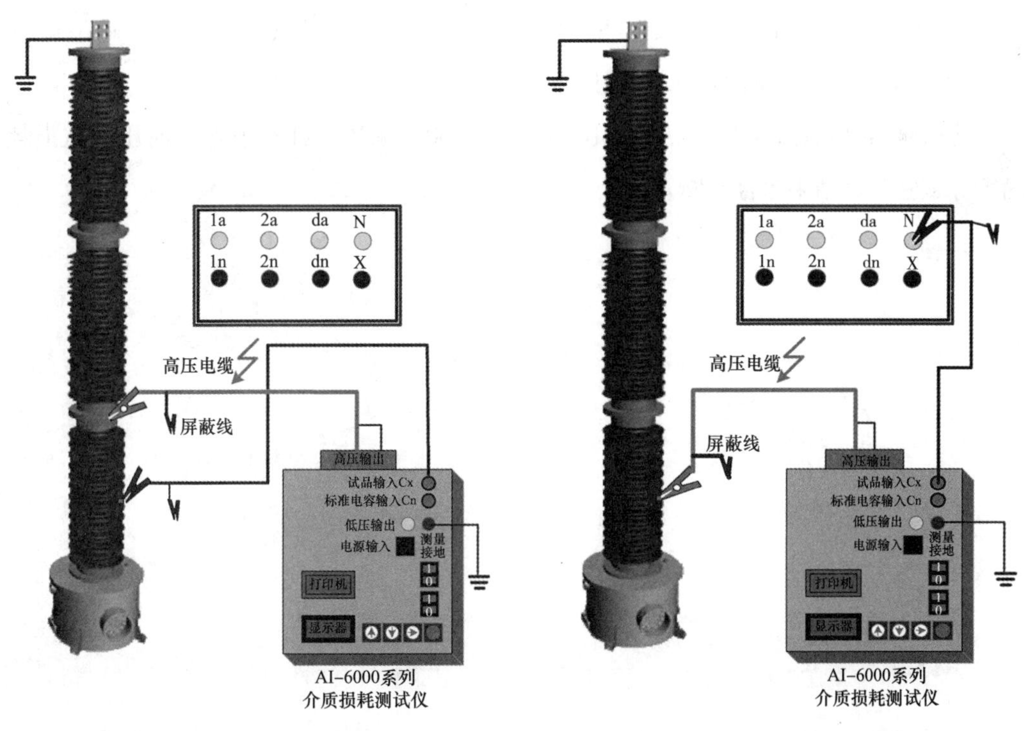

图 2－16　正接法测下节

图 2－17　正接法测下节

试验步骤：

（1）记录试验现场的环境温度、湿度。

（2）对被试设备充分放电后可靠接地。

（3）检查介质损耗因数测试仪是否正常。

（4）根据被试品类型及内部结构选择相应的接线方式，开始进行试验接线并检查确认接线正确。

（5）设置试验仪器参数（试验电压值、接线方式），升压至试验电压后读取介质损耗因数及电容量。测量下节介质损耗因数及电容量时，考虑到 C_2 电容末端绝缘耐受情况，应保证施加在“N”点的电压小于 3kV。

（6）降压至零，然后断开电源，充分放电后拆除接线，恢复被试设备试验前接线状态，结束试验。

（三）试验数据分析和处理

将结果与有关数据比较，包括同一设备的各相的数据、同类设备间的数据、出厂试验数据、耐压前后数据、历次同温度下的数据等。为便于比较，宜将不同温度下测得的数值换算至 20℃，20～80℃时，经验公式为

$$\tan\delta = \tan\delta_0 \times 1.3^{(t-t_0)}$$

式中 $\tan\delta_0$——温度 t_0 时的介质损耗因数值（一般取 $t_0 = 20$℃）；

$\tan\delta$——温度 t 时的介质损耗因数值。

若试验结果超标，结合绝缘电阻、绝缘油试验、耐压、红外成像、高压介质损耗因数等试验项目结果综合判断。

Chapter Three | 第 三 章 |

电流互感器停电试验

第一节　电流互感器概述

电流互感器具有在电力系统的电能计量、继电保护、自动控制等装置中将大电流变换成小电流的功能，其工作的可靠性对整个电力系统的安全运行具有非常重要的意义。电压等级、绝缘水平、测量保护要求越高的电流互感器，其结构相应的也越复杂。本章主要介绍110kV电压等级以上系统中目前常用的倒立式电流互感器和正立式电流互感器。

一、电流互感器的基本原理

电流互感器与变压器相似，是依据电磁感应原理将一次侧大电流转换成二次侧小电流为电能计量、继电保护、自动控制等装置提供信号的电力设备，起到保护及监视一次设备的作用。电流互感器接被测电流的绕组（匝数为 N_1），称为一次绕组（或原边绕组、初级绕组）；接测量仪表的绕组（匝数为 N_2）称为二次绕组（或副边绕组、次级绕组）。电流互感器一次绕组电流 I_1 与二次绕组 I_2 的电流比为实际电流比 K。电流互感器在额定电流下工作时的电流比为电流互感器额定电流比，用 K_n 表示，$K_n = I_{1n}/I_{2n} = N_2/N_1$，如图3-1所示。电流互感器正常工作时，二次侧处于近似短路状态，输出电压很低，当二次侧开路时，会产生数千伏甚至上万伏的高电压，危及人身和设备安全，因此运行中电流互感器严禁二次侧开路。

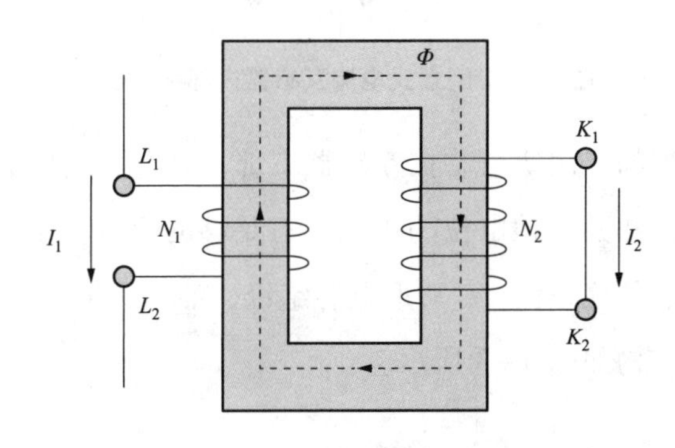

图3-1　电流互感器原理图

二、 电流互感器的分类

（1）按用途不同分：测量用电流互感器（或电流互感器的测量绕组）、保护用电流互感器（或电流互感器的保护绕组）；

（2）按绝缘介质分：干式电流互感器、浇注式电流互感器、油纸绝缘电流互感器、气体绝缘电流互感器。

（3）按工作原理分：电磁式电流互感器、光电式电流互感器。

（4）按二次绕组所在位置分：正立式电流互感器、倒立式电流互感器。

三、 电流互感器的基本结构

倒立式电流互感器的二次绕组置于互感器上部，二次绕组外部有足够的绝缘使之与高压电位的一次绕组相隔离，主要由金属膨胀器、膨胀器罩、一次绕组、二次绕组和铁芯、瓷套、油腔、二次接线盒等组成，其内部结构如图 3－2 所示。

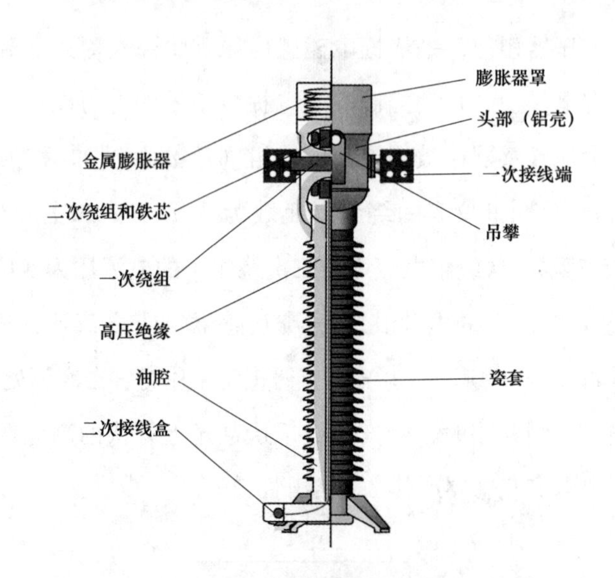

图 3－2　倒立式电流互感器内部结构图

正立式电流互感器的二次绕组装在互感器下部，具有高电位的一次绕组引到互感器下部，并对二次绕组和其他地电位的零部件有足够的绝缘，主要由波纹膨胀器、膨胀器外壳、一次绕组、外绝缘瓷套、U 形电容绝缘、油箱、绝缘油、二次绕组、铁芯、底座等组成，其内部结构如图 3－3 所示。

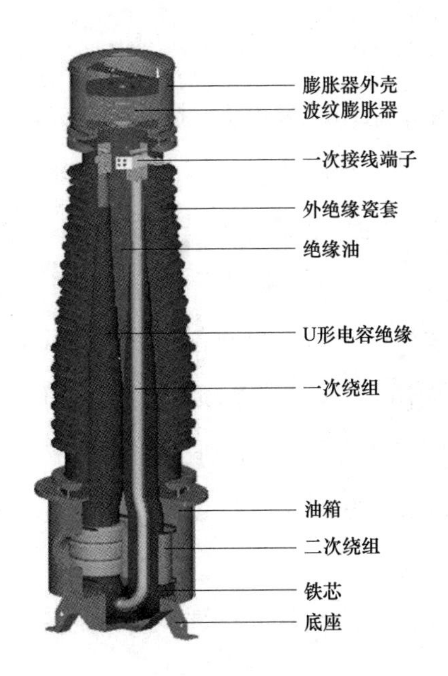

图 3-3　正立式电流互感器内部结构图

第二节　电流互感器停电试验要求

一、人员要求

（1）熟悉现场安全作业要求，能够严格遵守电力生产和工作现场相关管理规定，并经 Q/GDW 1799.1《国家电网公司电力安全工作规程　变电部分》考试合格。

（2）身体状况和精神状态良好，未出现疲劳困乏或情绪异常。

（3）了解现场试验条件，熟悉高处作业的安全措施。

（4）了解电流互感器结构特点、工作原理、运行状况和设备典型故障的基础知识。

（5）试验负责人应熟悉电流互感器停电试验的相关项目、试验方法、诊断方法、缺陷定性方法、相关规程标准要求，熟悉各种影响试验结果的因素及消除方法。

（6）试验人员应具备必要的电气知识和高压试验技能，熟悉相关试验仪器的原理、结构、用途及其正确使用方法。

（7）高压试验工作不得少于两人；试验负责人应由有经验的人员担任。

二、安全要求

（1）严格执行 Q/GDW 1799.1《国家电网公司电力安全工作规程　变电部分》中

的相关规定。

（2）严格执行保证安全的组织措施和技术措施的规定。

（3）正确使用合格的劳动保护用品。

（4）试验负责人应根据电流互感器停电试验的特点，做好危险点的分析和预想，并提出相应的预防措施。

（5）试验前应针对相关停电试验项目准备工作票和标准作业卡，试验负责人应对全体试验人员详细交代试验中的安全注意事项，并有书面记录。

（6）试验前应装设专用遮栏或围栏，向外悬挂“止步，高压危险!”标示牌，必要时应派专人监护，监护人在试验期间应始终履行监护职责，不得擅自离开现场或兼任其他工作。

（7）登高作业时，作业人员应系好安全带，做好防滑措施，使用便携工具包，严禁上下抛掷工具。

（8）被试设备的金属外壳应可靠接地；高压引线应尽量缩短，必要时用绝缘物固定牢固。

（9）接取试验电源时，应两人进行，一人监护，一人操作。

（10）试验前后应对被试设备进行充分放电并接地，避免剩余电荷或感应电荷伤人、损坏试验仪器。

（11）加压前必须认真检查试验接线，确认接线无误并取得试验负责人的许可后方可开始加压，加压过程应有人监护并呼唱。

（12）试验过程中，试验人员应保持精力集中，发生异常情况时应立即断开电源，待查明原因后方可继续进行试验。

（13）对充气式电流互感器，完成 SF_6 微水试验后应检测是否有泄漏，并检查气室压力是否正常。

（14）对有末屏引出的电流互感器，试验后应注意恢复末屏接线，保证其可靠接地。

（15）绝缘油取样需采用专用工器具，密闭条件下进行；取油后注意检查取油口密封性，防止渗漏油。

三、 环境要求

除非另有规定，否则试验应在满足环境条件相对稳定且符合以下条件时进行。

（1）环境温度不宜低于5℃。

（2）环境相对湿度不宜大于80%。

（3）现场区域满足试验安全距离要求。

第三节　电流互感器停电试验项目及方法

根据Q/GDW 1168—2013《输变电设备状态检修试验规程》要求，电流互感器停电试验项目包括绝缘电阻试验、介质损耗因数及电容量试验、油中溶解气体分析、SF_6气体湿度检测，相应试验要求见表3－1，具体流程如图3－4所示。

表3－1　电流互感器停电试验要求

序号	试验项目	基准周期	试验标准	说明
1	绝缘电阻	110（66）kV及以上：3年	（1）一次绕组：一次绕组的绝缘电阻应大于3000MΩ，或与上次测量值相比无显著变化； （2）末屏对地（电容型）：>1000MΩ（注意值）	采用2500V绝缘电阻表测量。当有两个一次绕组时，还应测量一次绕组间的绝缘电阻
2	电容量和介质损耗因数（固体绝缘或油纸绝缘）	110（66）kV及以上：3年	（1）电容量初值差不超过±5%（警示值）； （2）介质损耗因数tanδ满足表3－2要求（注意值）； （3）聚四氟乙烯缠绕绝缘：≤0.005	—
3	油中溶解气体分析（油纸绝缘）	110（66）kV及以上：正立式≤3年；倒置式≤6年	（1）乙炔： 1）≤2μL/L（110（66）kV）； 2）≤1μL/L（220kV及以上）（注意值）。 （2）氢气：≤150μL/L［110（66）kV及以上］（注意值）。 （3）总烃：≤100μL/L［110（66）kV及以上］（注意值）	取样时，需注意设备技术文件的特别提示（如有），并检查油位应符合设备技术文件的要求。制造商明确禁止取油样时，宜作为诊断性试验
4	SF_6气体湿度检测（SF_6绝缘）	110（66）kV及以上：3年	≤500μL/L（注意值）	—

表3－2　介质损耗因数tanδ

U_m（kV）	126/72.5	252/363	≥550
tanδ	≤0.01	≤0.008	≤0.007

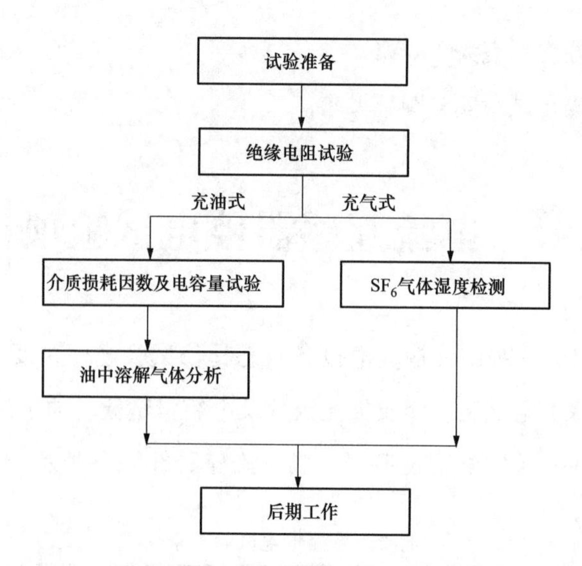

图 3-4 电流互感器停电试验流程图

一、 试验准备

1. 技术资料准备

开展电流互感器停电试验前根据标准报告格式要求编制试验报告，按试验需求准备相应的技术资料，如设备的缺陷情况、需要整改的反事故措施情况、厂家技术说明书、出厂试验报告、交接试验报告、技术协议等。

2. 试验仪器准备

按实际需求配备齐全各类仪器仪表，经检查应完好合格，试验仪器必须具备有效的检定合格证书。试验仪器清单见表 3-3。

表 3-3　　试验仪器清单

序号	仪器设备及工器具	准确级	规格	数量
1	绝缘电阻测试仪	5.0 级	2500V/5000V，大于 10000MΩ	1 台
2	介质损耗测试仪	1.0 级	0～1μF，0.5～10kV，$\tan\delta$：分辨率 0.001%	1 台
3	SF_6 微水仪	±0.2°C	—	1 台
4	数字万用表	1 级	AC/DC 0～750V	1 只
5	闸刀箱	—	—	1 个
6	工具箱	—	—	1 个
7	绝缘手套	—	—	1 双
8	绝缘杆	—	6m 或 8m	2 套
9	电源盘	—	—	2 个

续表

序号	仪器设备及工器具	准确级	规格	数量
10	安全围栏	—	—	若干
11	温湿度计	±1℃	-5~50℃	1只
12	绝缘垫	—	—	1块

3. 现场人员分工

现场试验人员不宜少于4人，具体人员配置及分工见表3-4。

表3-4　　人员配备一览表

人员配备	人数	作业人员要求
工作负责人（安全监护人）	1	必须持有高压专业相关职业资格证书并经批准上岗，必须熟悉Q/GDW 1799.1的相关知识，并经考试合格
操作人	1	应身体健康、精神状态良好，必须具备必要的电气知识，掌握本专业作业技能
记录及改接线人	2	应身体健康、精神状态良好，必须具备必要的电气知识，掌握本专业作业技能

4. 现场试验范围布置

现场试验要求按照电气试验管理进行安全围栏布置，悬挂“止步，高压危险!”标示牌、“在此工作!”标示牌、“由此进出!”标示牌等。试验操作人员应站在绝缘垫上进行操作。试验时，所有人员应与带电部位保持足够的距离。现场试验布置图如图3-5所示。

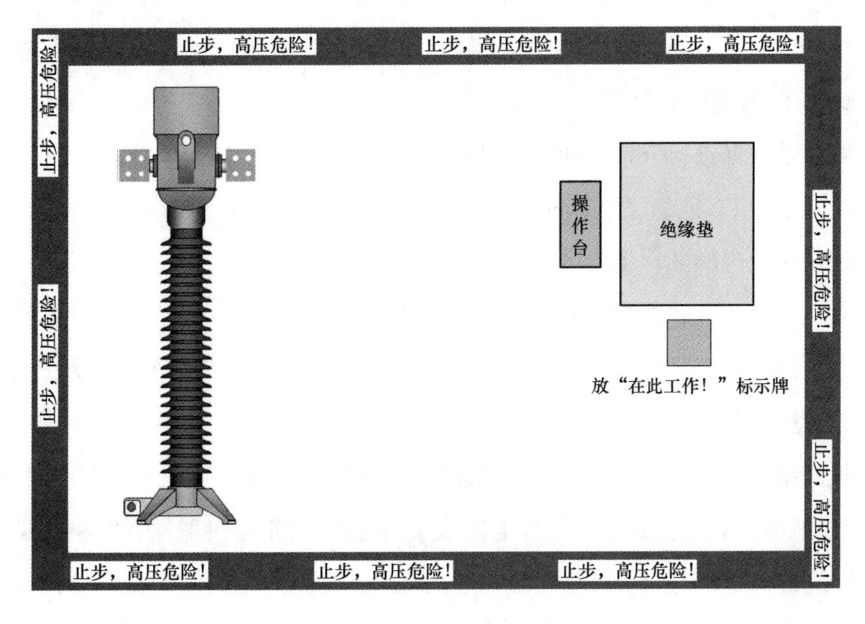

图3-5　现场试验布置图

二、绝缘电阻试验

1. 试验目的及意义

绝缘电阻试验能有效地发现设备绝缘整体受潮、脏污、贯通的集中性缺陷，以及绝缘击穿和严重过热老化等缺陷。末屏对地绝缘电阻试验能有效地发现电流互感器进水受潮缺陷。

绝缘电阻试验不能有效发现未贯通的集中性缺陷和绝缘整体老化（仍保持高阻值）缺陷。

2. 试验方法及接线

（1）一次绕组绝缘电阻试验方法及接线。试验步骤：

1）记录试验现场的环境温度、湿度。

2）对被试电流互感器进行充分放电并接地。

3）在被试电流互感器周围布置安全围栏，向外悬挂“止步，高压危险!”标示牌，并安排专人进行监护。

4）检查绝缘电阻表无异常后，开始进行试验接线，先将绝缘电阻表 E 端接地，接地线先接接地端，后接仪器端；绝缘电阻表 L 端测试线先接仪器端，后接一次绕组，二次绕组短接接地；试验接线完毕后，试验负责人应进行试验接线检查，确认无误后方可进行下一步试验。试验接线图如图 3－6 所示。

5）绝缘电阻表选择 2500V 测量电压挡位，绝缘电阻表开始加压至额定输出电压后，读取 60s 时的绝缘电阻值。

6）对试验数据进行分析判断，得出结论。

（2）二次绕组对地绝缘电阻试验方法及接线。试验步骤：

1）记录试验现场的环境温度、湿度。

2）对被试电流互感器进行充分放电并接地。

3）在被试电流互感器周围布置安全围栏，向外悬挂“止步，高压危险!”标示牌，并安排专人进行监护。

4）检查绝缘电阻表无异常后，开始进行试验接线，先将绝缘电阻表 E 端接地，接地线先接接地端，后接仪器端；绝缘电阻表 L 端测试线先接仪器端，后接被试二次绕组，其他二次绕组短接接地；试验接线完毕后，试验负责人应进行试验接线检查，确认无误后方可进行下一步试验。试验接线图如图 3－7 所示。

5）绝缘电阻表选择1000V测量电压挡位，绝缘电阻表开始加压至额定输出电压后，读取60s时的绝缘电阻值。

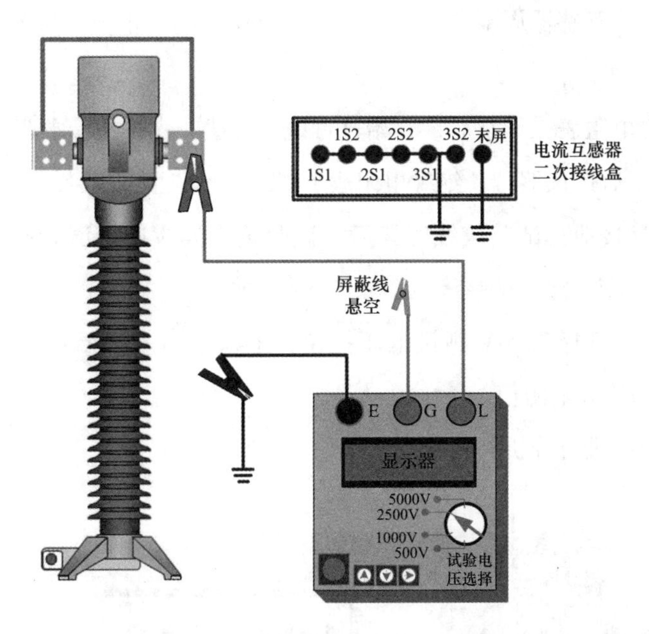

图3－6　一次绕组绝缘电阻试验接线图

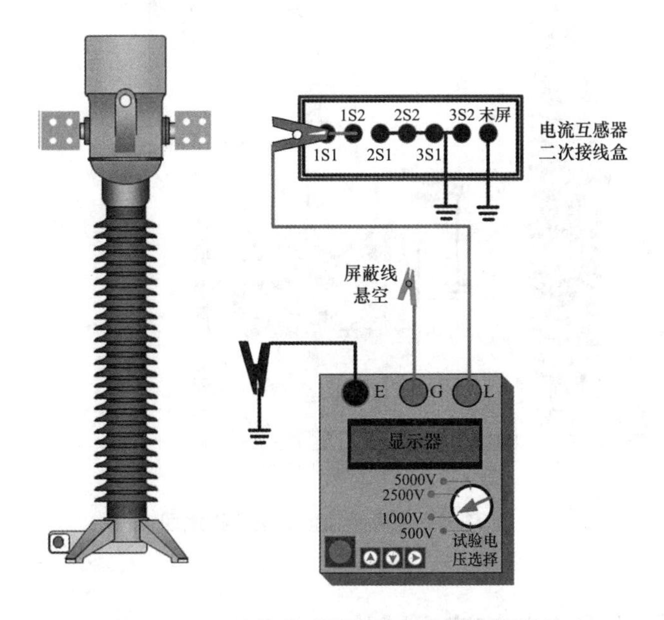

图3－7　二次绕组对地绝缘电阻试验接线图

6）对试验数据进行分析判断，得出结论。

（3）末屏绝缘电阻试验方法及接线。试验步骤：

1）记录试验现场的环境温度、湿度。

2）对被试电流互感器进行充分放电并接地。

3）在被试电流互感器周围布置安全围栏，向外悬挂“止步，高压危险！”标示牌，并安排专人进行监护。

4）检查绝缘电阻表无异常后，开始进行试验接线，先将绝缘电阻表 E 端接地，接地线先接接地端，后接仪器端；绝缘电阻表 L 端测试线先接仪器端，后接末屏引出端，其他二次绕组短接接地；试验接线完毕后，试验负责人应进行试验接线检查，确认无误后方可进行下一步试验。试验接线图如图 3－8 所示。

5）绝缘电阻表选择 2500V 测量电压挡位，绝缘电阻表开始加压至额定输出电压后，读取 60s 时的绝缘电阻值。

6）对试验数据进行分析判断，得出结论。

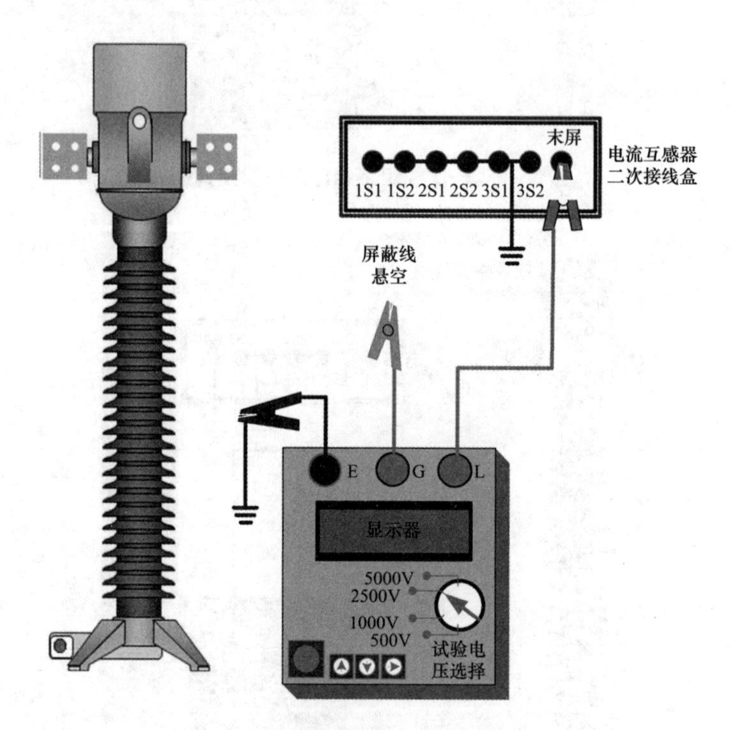

图 3－8　末屏绝缘电阻试验接线图

三、介质损耗因数及电容量试验

1. 试验目的及意义

介质损耗因数及电容量试验能有效地发现互感器局部集中性的和整体分布性的缺

陷，配合电容量的变化状况可判断是否存在绝缘老化、受潮或本体缺油缺陷。

电容型电流互感器有末屏引出的，应进行末屏对地绝缘电阻试验，在末屏绝缘电阻不满足要求时应测量末屏介质损耗因数，进而分析判断电流互感器底部和电容芯子的绝缘状况，试验电压为2kV，末屏介质损耗因数通常要求小于0.015。

2. 试验方法及接线

主绝缘介质损耗因数及电容量试验方法及接线。试验步骤：

（1）记录试验现场的环境温度、湿度。

（2）对被试电流互感器进行充分放电并接地。

（3）在被试电流互感器周围布置安全围栏，向外悬挂“止步，高压危险！”标示牌，并安排专人进行监护。

（4）检查介质损耗测试仪无异常后，开始进行试验接线，先对仪器接地，接地线先接接地端，后接仪器端；介质损耗测试仪高压输出测试线先接仪器端，后接被试电流互感器一次接线端，其他二次绕组短接接地；采用正接法时，信号测试线先接仪器Cx端后接末屏引出端，采用反接法时末屏直接接地；试验接线完毕后，试验负责人应进行试验接线检查，确认无误后方可进行下一步试验。试验接线图如图3－9和图3－10所示。

（5）设置试验仪器参数（试验电压值、接线方式），升压至试验电压后读取介质损耗因数及电容量。试验电压值宜采用10kV。

（6）试验结束后，关闭试验仪器，断开试验电源，对被试设备进行放电。

（7）对试验数据进行分析判断，得出结论。

四、 油中溶解气体分析

油中溶解气体分析是针对油浸式电流互感器的试验项目。

1. 试验目的及意义

分析油中溶解气体的组分和含量是监视充油设备安全运行的最有效的措施之一。该方法适用于充有矿物质绝缘油和以纸或层压板为绝缘材料的电气设备。对判断充油电气设备内部故障有价值的气体包括：氢气、甲烷、乙烷、乙烯、乙炔、一氧化碳、二氧化碳。定义总烃为烃类气体含量的总和，即甲烷、乙烷、乙烯和乙炔含量的总和。

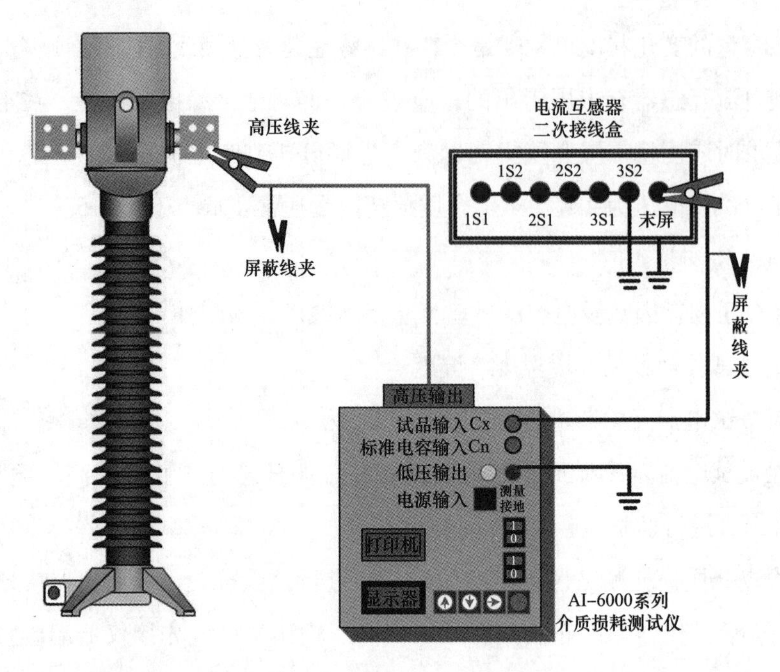

图 3-9　正接法试验接线图（二次绕组端子短接接地）

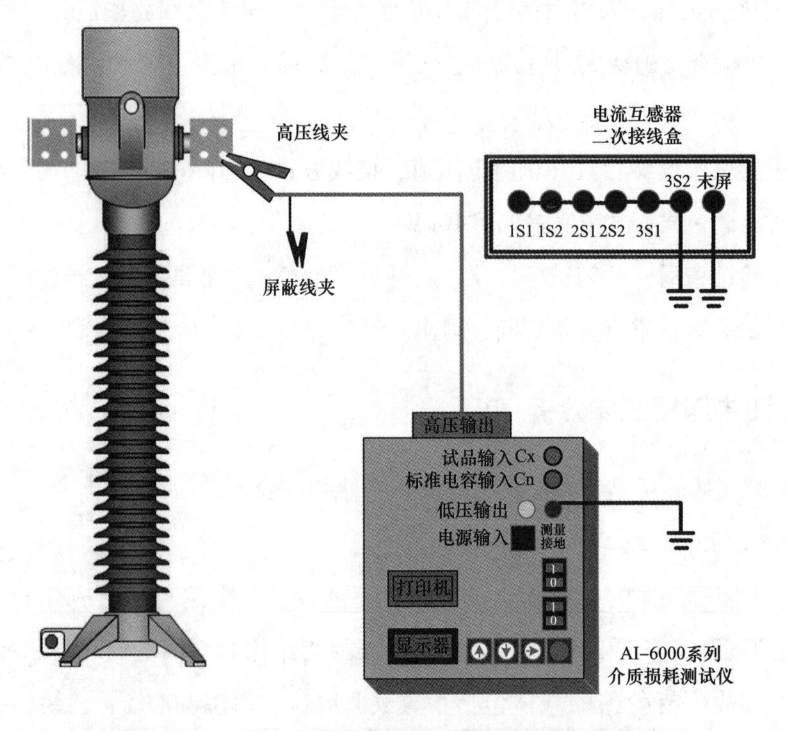

图 3-10　反接法试验接线图（二次绕组端子短接接地）

2. 试验步骤

（1）核实工作票的内容、安全措施、地点等。

（2）试验前交代：工作地点、工作内容、人员分工、安全措施、安全注意事项。

（3）检查所有试验人员是否到位。

（4）检查被试电流互感器是否具备取油样条件，专用取油样工具准备情况。

（5）取样步骤：将“死油”经三通阀排掉；转动三通阀使少量油进入注射器；转动三通阀并推压注射器芯子，排除注射器内的空气和油；转动三通阀使油样在静压力作用下自动进入注射器（不应拉注射器芯子，以免吸入空气或对油样脱气）。当取到足够的油样时，关闭三通阀和取样阀，取下注射器，用小胶头封闭注射器（尽量排尽小胶头内的空气）。整个操作过程应特别注意保持注射器芯子的干净，以免卡涩。

（6）油样的保存：装有油样的注射器上应贴有包括变电站设备名称、取样时间、取样部位等相关信息的标签，并放置于运送专用油箱中，注意避光和密封保存。为保证试验数据的准确，尽量避免阴雨天取油。

（7）脱气操作：利用气相色谱法分析油中溶解气体必须将溶解的气体从油中脱出来，再注入色谱仪进行组分和含量的分析。目前油化分析室常用的脱气方法为溶解平衡法。溶解平衡法目前使用的是机械振荡方式，其重复性和再现性能满足实用要求。该方法的原理是在恒温条件下，油样在和洗脱气体构成的密闭系统内通过机械振荡，使油中溶解气体在气、液两相达到分配平衡，最后通过测试气相中各组分浓度，计算出油中溶解气体各组分的浓度。

（8）进样标定：待色谱仪工况稳定后，准确抽取 1mL 已知各组分浓度的标准混合气（在使用期内）对仪器进行标定。进样前检验密封性能，保证进样注射器和针头密封性，如密封不好应更换针头或注射器。标定仪器应在仪器运行工况稳定且相同的条件下进行，两次标定的重复性应在其平均值的 ±2% 以内。

（9）进样操作：用规格为 1mL 的注射器取 1mL（特殊情况可小于 1mL）平衡气体注入色谱仪内进行组分分析、浓度计算。为保证数据的真实性，应注意所使用注射器的清洁度，防止标气与样品气或样品气间可能产生的交叉污染。样品分析应与仪器标定使用同一支进样注射器，取相同进样体积。

（10）重复性和再现性：取两次平行试验结果的算术平均值为测定值。重复性：油中溶解气体浓度大于 10μL/L 时，两次测定值之差应小于平均值的 10%；油中溶解气体浓度小于等于 10μL/L 时，两次测定值之差应小于平均值的 15% 加两倍该组分气体最小检测浓度之和。再现性：两个试验室测定值之差的相对偏差，在油中溶解气体浓度大于 10μL/L 时，为小于 15%；小于等于 10μL/L 时，为小于 30%。

五、 SF_6气体湿度检测

SF_6气体湿度检测是针对充气式电流互感器的试验项目。

1. 试验目的及意义

由于设备长期带电运行或处在放电作用下，SF_6气体易分解产生多种低氟硫化物，若SF_6气体中不含杂质，随着温度降低，分解气体可快速复合还原为SF_6。因实际应用的设备中SF_6含有微量的空气、水分和矿物油等杂质，上述低氟硫化物性质较活泼，易与氧气、水分等再反应，生成相应的固体和气体分解产物，影响电流互感器的绝缘性能。

2. 试验步骤

（1）检查被试充气式电流互感器SF_6气体压力表计读数。

（2）打开SF_6气体湿度检测仪进行预热。

（3）将通气软管带流量调节开关一端接于微水仪（若SF_6气体湿度检测仪不带流量自动调节功能时应将流量调节开关关闭），SF_6气体湿度检测仪的废气管引至下风向处或电缆沟内。

（4）将通气软管的接头一端拧接于充气式电流互感器SF_6气室取气阀，注意通气软管接头处所用的接头应与GIS气室取气阀相匹配，拧接时应注意避免漏气。

（5）试验接线完毕后，需试验负责人进行试验接线检查，确认无误后才能进行下一步试验。

（6）若SF_6气体湿度检测仪具备流量自动调节功能，则接线结束后查看SF_6气体湿度检测仪界面上流量显示，待气体流量稳定后即可开始测试；若SF_6气体湿度检测仪不具备流量自动调节功能，则在接线结束后，应打开流量调节开关缓慢调节通气流量，使之达到SF_6气体湿度检测仪所要求的通气流量，待其稳定后，即可开始测试。

（7）测量过程中保持气体流量的稳定，并随时检查被测气室的气体压力，防止设备压力异常和下降。

（8）待SF_6气体湿度检测仪显示的数值稳定后，停止测试，读取并记录气体湿度值。

（9）对试验数据进行分析判断，得出结论。

Chapter Four | 第四章

断路器停电试验

第一节　断路器概述

断路器是发电厂及变电站重要的控制和保护设备，它不仅可以切断与闭合高压电路的空载电流和负载电流，而且当系统发生故障时，能和保护装置、自动装置相配合，迅速地切断故障电流，以减少停电范围，防止事故扩大，保证系统的安全运行。自20世纪90年代初开始，我国35kV以上电力系统中油断路器逐渐被SF_6断路器取代，因此本章内容主要介绍SF_6断路器停电试验。

一、断路器的基本原理

断路器是变电站中能够开合、承载和开断正常回路条件下的负荷电流，同时能够在规定时间内承载和开断异常回路条件下故障电流的机械开关装置。灭弧室是断路器最主要部分之一，能够熄灭电力设备通断过程所产生的电弧，保证电力系统的安全运行。高压交流断路器的灭弧原理是根据所使用的绝缘介质而决定的，不同的绝缘介质会采用不同的灭弧原理，相同的灭弧原理可以有各种不同的灭弧结构。

SF_6断路器的灭弧室主要有压气式和自能式两种。压气式灭弧室内充有0.45MPa（20℃表压）的SF_6气体，分闸过程中，压气室对静止的活塞做相对运动，压气室内的气体被压缩，与气缸外的气体形成压力差，高压力的SF_6气体通过喷口强烈吹拂电弧，迫使电弧在电流过零时熄灭。一旦分闸完毕，此压力差很快就消失，压气室内外压力恢复平衡。由于静止的活塞上装有逆止阀，合闸时的压力差非常小。

自能式灭弧室的基本结构由主触头、静弧触头、喷口、压气室、动弧触头、气缸、热胀气室、单向阀、辅助压气室、减压阀和减压弹簧等组成。分闸操作时，操动机构带动支座中的传动轴及其内拐臂，从而拉动绝缘拉杆、活塞杆、压气室、动弧触头、主触头、喷口向下运动，当静触指和主触头分离后，电流仍沿着未脱开的静弧触头和动弧触头流动，当动、静弧触头分离时其间产生电弧，在静弧触头未脱离喷口喉部之前，电弧燃烧产生的高温、高压气体流入压气室，与其中的冷态气体混合，从而使压气室中的压力提升，在静弧触头脱离喷口喉部之后，压气室中的高压气体从喷口喉部和动弧触头喉部双向喷出，将电弧熄灭。合闸操作时，操动机构带动动触头、喷口和活塞向静触头方向运动，静触头插入动触头座内，使动、静触头有良好的电接触，达到合闸的目的，如图 4 －1 所示。

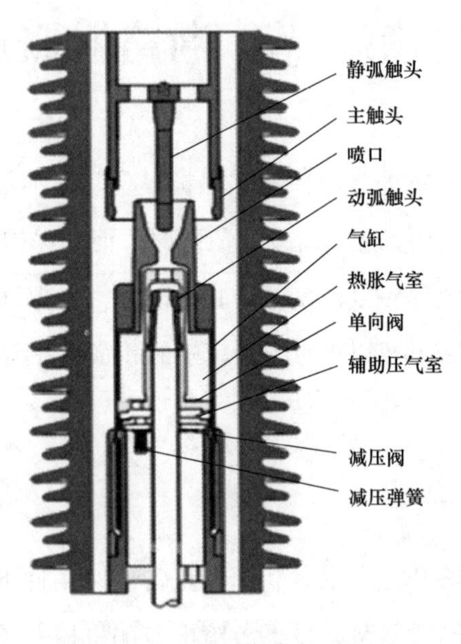

图 4 －1　断路器灭弧室结构图

二、 断路器的分类

（1）按灭弧介质分为油断路器、压缩空气断路器、真空断路器、SF_6 断路器；虽然每种断路器灭弧介质不同，但是它们的工作实质是相同的，都是为了熄灭断路器在分闸过程中产生的电弧，从而保证电气设备的安全运行。

1）油断路器：用油作灭弧介质。电弧在油中燃烧时，油受电弧的高温作用而迅速分解、蒸发，并在电弧周围形成气泡，能有效地冷却电弧，降低弧隙电导率，促使电弧熄灭。在油断路器中设置了灭弧装置（室），使油和电弧的接触紧密，气泡压力得到提高。当灭弧室喷口打开后，气体、油和油蒸气形成一股气流和液流，并根据具体的灭弧装置结构，可垂直于电弧横向吹弧、平行于电弧纵向吹弧或纵横结合等方式吹向电弧，对电弧实行强力有效的吹弧，这样就加速去游离过程，缩短燃弧时间，从而提高了断路器的开断能力。

2）压缩空气断路器：其灭弧过程是在特定的喷口中完成的，利用喷口产生高速气流，进行吹弧从而使电弧熄灭。断路器开断电路时，压缩空气产生的高速气流不仅带走了弧隙中大量的热量，从而降低弧隙温度，抑制热游离的发展，而且直接带走了弧隙中的大量正负离子，以清洁的高压空气充于触头间隙，从而使间隙介质强度很快得到恢复，所以，压缩空气断路器相比于油断路器，其开断能力强、动作迅速、开断时间较短，而且在自动重合闸中不会降低开断能力。

3）真空断路器：用真空作为绝缘和灭弧介质。断路器开断时，电弧在真空灭弧室触头材料所产生的金属蒸气中燃烧，简称为真空电弧。当开断真空电弧时，由于弧柱内外的压力与密度差别都很大，所以弧柱内的金属蒸气与带电质点会不断向外扩散。弧柱内部处在带电质点不断向外扩散和电极不断蒸发出新质点的动态平衡中。随着电流减小，金属蒸气密度与带电质点的密度都下降，最后在电流接近零点时消失，电弧随之熄灭。此时，弧柱残余的质点继续向外扩散，断口间的介质绝缘强度迅速恢复，只要介质绝缘强度的恢复速度大于电压恢复上升速度，电弧就会熄灭。

4）SF_6断路器：用SF_6气体作为绝缘和灭弧介质。SF_6气体是理想的灭弧介质，它具有良好的热化学性与强负电性。

a. 热化学性即SF_6气体有良好的热传导特性。由于SF_6气体有较高的导热率，电弧燃烧时，弧心表面具有很高的温度梯度，冷却效果显著，所以电弧直径比较小，有利于灭弧。同时，SF_6在电弧中热游离作用强烈，热分解充分，弧心存在着大量单体的S、F及其离子等，电弧燃烧过程中，电网注入弧隙的能量比空气和油等作灭弧介质的断路器低得多。因此，触头材料烧损较少，电弧也就比较容易熄灭。

b. SF_6气体的强负电性就是这种气体分子或原子生成负离子的倾向性强。由电弧电离所产生的电子被SF_6气体和由它分解产生的卤族分子、原子强烈的吸附，因而带电粒子的移动性显著降低，并由于负离子与正离子极易复合还原为中性分子和原子。因此，弧隙空间导电性的消失过程非常迅速。弧隙电导率很快降低，从而促使电弧熄灭。

（2）按结构类型分为支柱式断路器和罐式断路器。

（3）按操动机构性质分为电磁操动机构断路器、液压操动机构断路器、气动操动机构断路器、弹簧操动机构断路器、永磁操动机构断路器。

（4）按断口数量分为单断口断路器和多断口断路器；其中多断口断路器又分为带均压电容和不带均压电容断路器。

三、 断路器的基本结构

断路器的基本结构主要包含基座、操动机构、传动元件、绝缘支撑元件、开断元件等部分，典型断路器基本结构如图 4－2 所示。

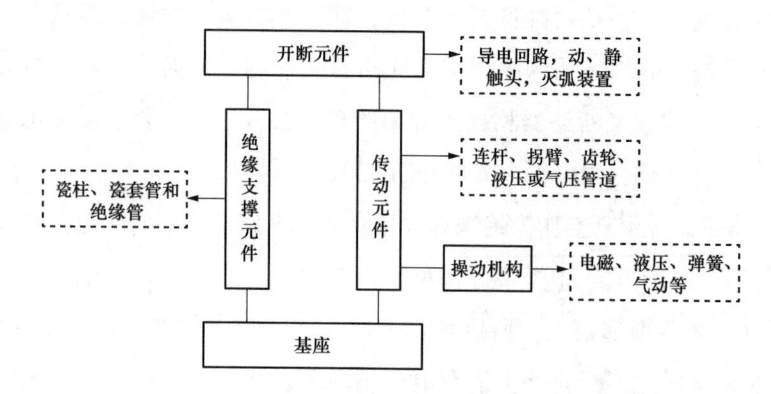

图 4－2　断路器基本结构

开断元件：接通和断开电路，是断路器的核心部分。

传动元件：将操作命令和操作动能传递给动触头。

绝缘支撑元件：支撑断路器器身，承受开断元件的操动力和各种外力，保证开断元件的对地绝缘。

操动机构：用来提供分、合操作能量。

基座：用来支撑和固定断路器。

第二节　断路器停电试验要求

一、人员要求

（1）熟悉现场安全作业要求，能够严格遵守电力生产和工作现场相关管理规定，并经 Q/GDW 1799.1《国家电网公司电力安全工作规程　变电部分》考试合格。

（2）身体状况和精神状态良好，未出现疲劳困乏或情绪异常。

（3）了解现场试验条件，熟悉高处作业的安全措施。

（4）了解断路器结构特点、工作原理、运行状况和设备典型故障的基础知识。

（5）试验负责人应熟悉断路器停电试验的相关项目、试验方法、诊断方法、缺陷定性方法、相关规程标准要求，熟悉各种影响试验结果的因素及消除方法。

（6）试验人员应具备必要的电气知识和高压试验技能，熟悉相关试验仪器的原理、结构、用途及其正确使用方法。

（7）高压试验工作不得少于两人；试验负责人应由有经验的人员担任。

二、 安全要求

（1）严格执行 Q/GDW 1799.1《国家电网公司电力安全工作规程　变电部分》中的相关规定。

（2）严格执行保证安全的组织措施和技术措施的规定。

（3）正确使用合格的劳动保护用品。

（4）试验负责人应根据断路器停电试验的特点，做好危险点的分析和预想，并提出相应的预防措施。

（5）试验前应针对相关停电试验项目准备工作票和标准作业卡，试验负责人应对全体试验人员详细交代试验中的安全注意事项，并有书面记录。

（6）试验前应装设专用遮栏或围栏，并向外悬挂“止步，高压危险!”标示牌，必要时应派专人监护，监护人在试验期间应始终履行监护职责，不得擅自离开现场或兼任其他工作。

（7）登高作业时，作业人员应系好安全带，做好防滑措施，使用便携工具包，严禁上下抛掷工具。

（8）被试设备的金属外壳应可靠接地；高压引线应尽量缩短，必要时用绝缘物固定牢固。

（9）接取试验电源时，应两人进行，一人监护，一人操作。

（10）试验前后应对被试设备进行充分放电并接地，避免剩余电荷或感应电荷伤人、损坏试验仪器。

（11）试验前，注意检查断路器操作电源和储能电源是否处于断开状态、“远方/就地”旋钮是否处于“远方”位置，并通知二次检修人员做好相应安全措施。

（12）查找断路器的控制回路接线图纸，核对断路器的实际接线是否和图纸一致，若接线不一致，应进一步查找接线变更原因；确认试验应施加电压节点的位置，并加以记录。

（13）加压前必须认真检查试验接线，确认接线无误后，通知有关人员离开被试设备，在取得试验负责人的许可后方可开始加压，加压过程应有人监护并呼唱。

（14）试验过程中，应暂停与断路器相连设备（如电流互感器等）的工作，试验人员应保持精力集中，发生异常情况时立即断开电源，待查明原因后方可继续进行试验。

三、 环境要求

除非另有规定，否则试验应在满足环境条件相对稳定且符合以下条件时进行。

（1）环境温度不宜低于5℃。

（2）环境相对湿度不宜大于80%。

（3）现场区域满足试验安全距离要求。

第三节　断路器停电试验项目及方法

根据Q/GDW 1168—2013《输变电设备状态检修试验规程》和《国家电网有限公司十八项电网重大反事故措施（修订版)》要求，断路器停电试验项目包括断路器分、合闸线圈直流电阻及绝缘电阻试验，分、合闸线圈电流试验，分、合闸线圈低电压试验，分、合闸时间及同期性试验，回路电阻试验，分、合闸速度试验，断口间并联电容器介质损耗因数及电容量试验，SF_6气体湿度试验，相应试验要求见表4－1，具体流程如图4－3所示。

表4－1　断路器停电试验要求

序号	试验项目	基准周期	试验标准	说明
1	分、合闸线圈的直流电阻和绝缘电阻	110（66）kV及以上：3年； 35kV及以下：4年	（1）绝缘电阻不低于10 MΩ； （2）直流电阻应符合制造厂规定	—
2	导电回路电阻	110（66）kV及以上：3年； 35k及以下：4年	每相、每断口导电回路电阻值应符合制造厂的规定，运行中断路器的回路电阻不大于制造厂规定值或初值的1.2倍	—
3	断口并联电容器的绝缘电阻、电容量和tanδ	110（66）kV及以上：3年	（1）极间绝缘电阻应不低于5000 MΩ； （2）电容值偏差应在出厂值或初值的±5%范围内； （3）油纸绝缘tanδ≤0.005，膜纸复合绝缘tanδ≤0.0025	—

续表

序号	试验项目	基准周期	试验标准	说明
4	合、分闸线圈的最低动作电压	110（66）kV及以上：3年； 35kV及以下：4年	（1）在额定操动电压的85%～110%内应能可靠合闸； （2）在额定操动电压的85%～110%内应能可靠分闸； （3）进口设备按制造厂规定； （4）若供求双方另有协定，应按协定要求	—
5	测量分、合闸时间以及断口间的同期性	110（66）kV及以上：3年； 35kV及以下：4年	（1）相间合闸不同期不大于5ms； （2）相间分闸不同期不大于3ms； （3）同相各断口合闸不同期不大于3ms； （4）同相各断口分闸不同期不大于2ms； （5）分、合闸时间，合—分时间没有明显变化或符合设备技术文件要求	—
6	测量分、合闸速度	110（66）kV及以上：3年； 35kV及以下：4年	分、合闸速度符合设备技术文件要求	—
7	测量分、合闸线圈电流	110（66）kV及以上：3年； 35kV及以下：4年	分、合闸线圈电流波形符合设备技术文件要求	—
8	SF_6气体含水量（20℃）	110（66）kV及以上：3年； 35kV及以下：4年	（1）≤300μL/L； （2）如制造厂有特殊要求的应按制造厂要求进行	—
9	合闸电阻阻值及合闸电阻预接入时间	110（66）kV及以上：3年	（1）初值差不超过±5%（注意值）； （2）预接入时间符合设备技术文件要求	—

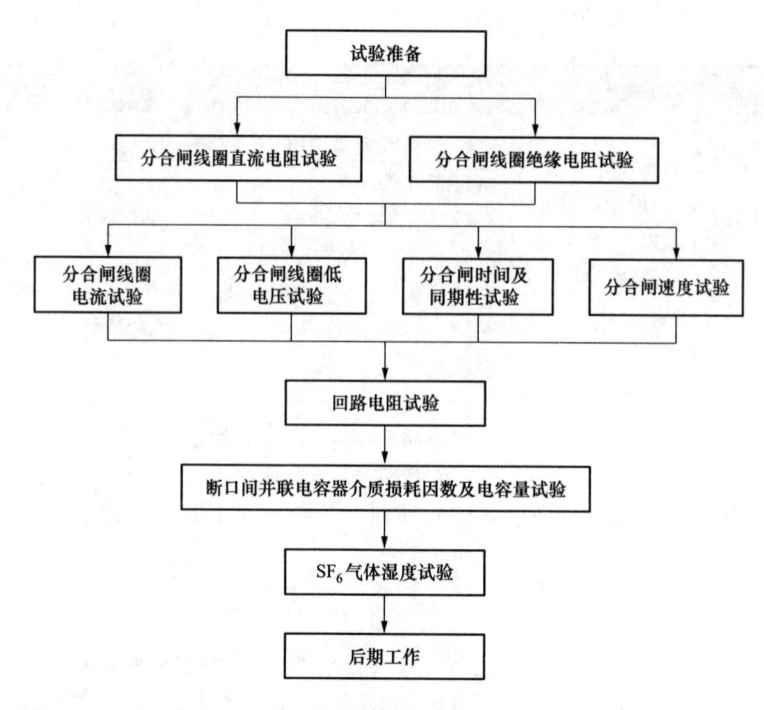

图4－3　断路器停电试验流程图

一、 试验准备

1. 技术资料准备

开展断路器停电试验前，根据标准报告要求编制试验报告格式，按试验需求准备相应的技术资料，如设备的缺陷情况、需要整改的反事故措施情况、厂家技术说明书、出厂试验报告、交接试验报告、技术协议等。

2. 试验仪器准备

按实际需求配备各类仪器仪表，经检查应完好合格，试验仪器必须具备有效的检定合格证书。试验仪器配备见表4－2。

表4－2　　试验仪器配备表

序号	仪器设备及工器具	准确级	规格	数量
1	数字万用表	1.0级	AC/DC 0～750V	1只
2	绝缘电阻测试仪	5.0级	2500V/5000V，5mA，大于10000MΩ	1台
3	介质损耗测试仪	1.0级	3～6000pF，0.5～10kV，分辨率0.001%	1台
4	回路电阻测试仪	0.5级	输出电流≥100A	1台

续表

序号	仪器设备及工器具	准确级	规格	数量
5	断路器测试仪	1.0 级	4 通道，输出 10A，电压：0～200mV	1 台
6	微水仪	±0.2℃	—	1 台
7	温湿度计	±1℃	-5～50℃	1 只
8	直流电源	—	DC：0～220V	1 只
9	电源盘	—	220V	2 个
10	工具箱	—	—	1 个
11	绝缘垫	—	—	1 块

3. 现场人员分工

现场试验人员不宜少于 4 人，具体人员配置及分工见表 4-3。

表 4-3　人员配备一览表

人员配备	人数	作业人员要求
工作负责人（安全监护人）	1	必须持有高压专业相关职业资格证书并经批准上岗，必须熟悉 Q/GDW 1799.1 的相关知识，并经考试合格
操作人	1	应身体健康、精神状态良好，必须具备必要的电气知识，掌握本专业作业技能
记录及改接线人	2	应身体健康、精神状态良好，必须具备必要的电气知识，掌握本专业作业技能

4. 现场试验范围布置

试验开始前应对被试设备的状态、现场情况有清晰的认识；现场应按照相关要求布置安全围栏，悬挂“止步，高压危险！”标示牌、“在此工作！”标示牌、“由此进出！”标示牌等。试验操作人员应站在绝缘垫上进行操作。试验时，所有人员应与带电部位保持足够的安全距离。现场试验布置图如图 4-4 所示。

二、分、合闸线圈直流电阻试验

1. 试验目的及意义

对于断路器来说，分、合闸线圈是用于控制断路器分合闸状态的重要控制元件。断路器停电检修时，可以通过测试分、合闸线圈的直流电阻来判断其是否正常。

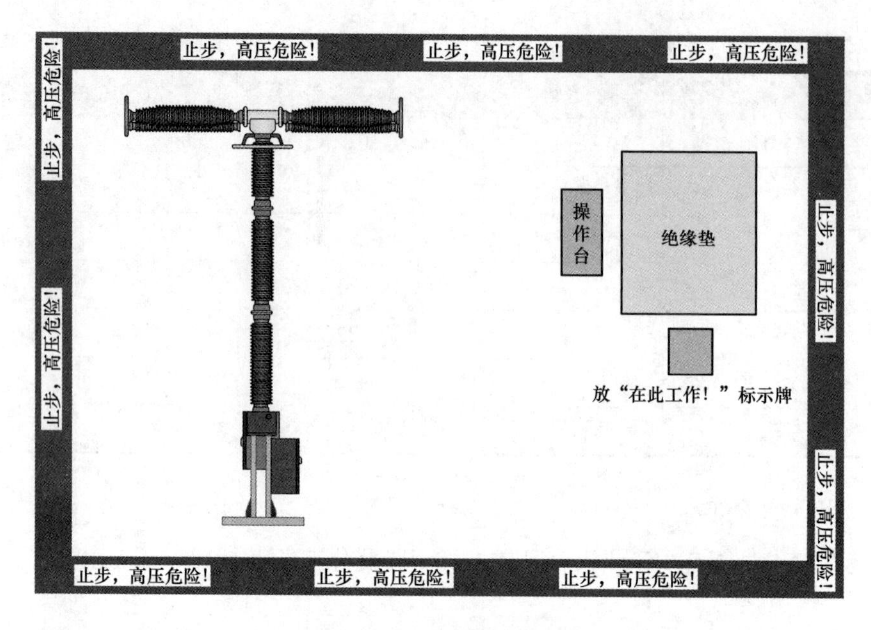

图 4－4　现场试验布置图

2. 试验方法及接线

分、合闸线圈直流电阻试验可以利用万用表进行，接线图如图 4－5 所示。

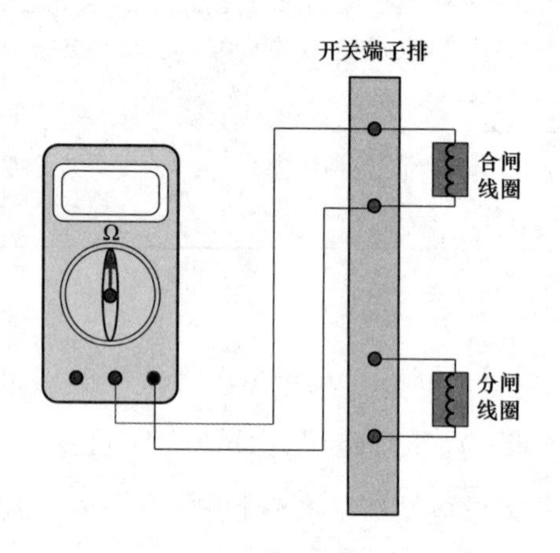

图 4－5　分、合闸线圈直流电阻试验接线图

试验步骤：

（1）记录试验现场的环境温度、湿度。

（2）确认断路器状态。测试合闸线圈的直流电阻时，断路器必须在分闸位置；测试分闸线圈的直流电阻时，断路器必须在合闸位置。对于 220kV 及以上的断路器，分闸线圈一般有两个。

（3）查阅断路器的控制回路图纸，分别确定分闸回路、合闸回路应施加电压的节点位置及回路情况，将万用表挡位调至欧姆挡，两表笔接至相应节点位置，通过调整断路器合分状态分别测量分、合闸线圈的直流电阻。回路中如有常开继电器节点，应在测试直流电阻时将其对应的继电器闭合。

（4）对试验数据进行分析判断，得出结论。

三、分、合闸线圈绝缘电阻试验

1. 试验目的及意义

断路器分、合闸线圈受环境、运行工况等影响，可能存在绝缘电阻下降的现象，导致断路器分合闸操作失败。

2. 试验方法及接线

为检查分、合闸线圈的绝缘性能，应对其进行绝缘电阻测量，试验接线如图 4－6 所示。

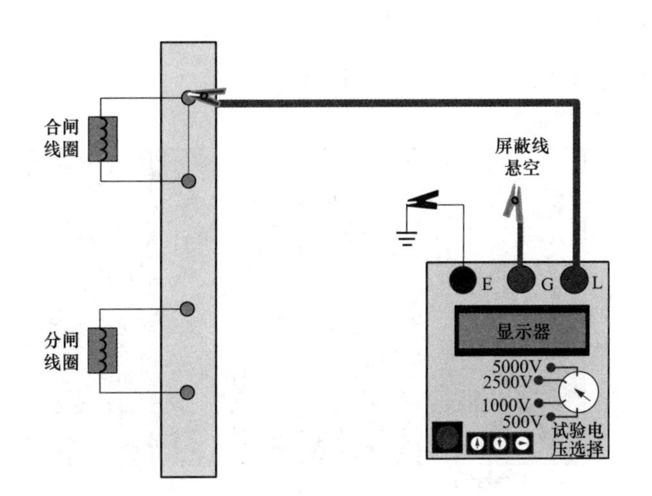

图 4－6　分、合闸线圈绝缘电阻试验接线图

试验步骤：

（1）记录试验现场的环境温度、湿度。

（2）连接绝缘电阻表接地线，确保接线牢固可靠。

（3）确认断路器状态。测试合闸线圈的绝缘电阻时，断路器必须在分闸位置；测试分闸线圈的绝缘电阻时，断路器必须在合闸位置。

（4）查阅断路器的控制回路图纸，确定分闸回路、合闸回路应施加电压的节点位置，并将其短接。

（5）将绝缘电阻表 E 端接地，L 端连接至节点位置。

（6）经检查确认无误，选用 1000V 挡位测试分、合闸线圈的绝缘电阻，读取 60s 时绝缘电阻值并记录。

（7）断开连接至被试品的测试线，然后将绝缘电阻表停止工作。

（8）对试验数据进行分析判断，得出结论。

四、分、合闸线圈低电压试验

1. 试验目的及意义

断路器的分、合闸线圈动作电压是保证断路器有效进行分合闸操作的一项重要参数，其分、合闸电压的大小应符合规程要求。分闸线圈的最低可靠动作值应在额定电压的 30% ~65%，合闸线圈的最低可靠动作值应在额定电压的 30% ~85%，才能保证断路器有效进行分合闸操作。

2. 试验方法及接线

分、合闸线圈低电压试验接线图，如图 4 -7 所示。

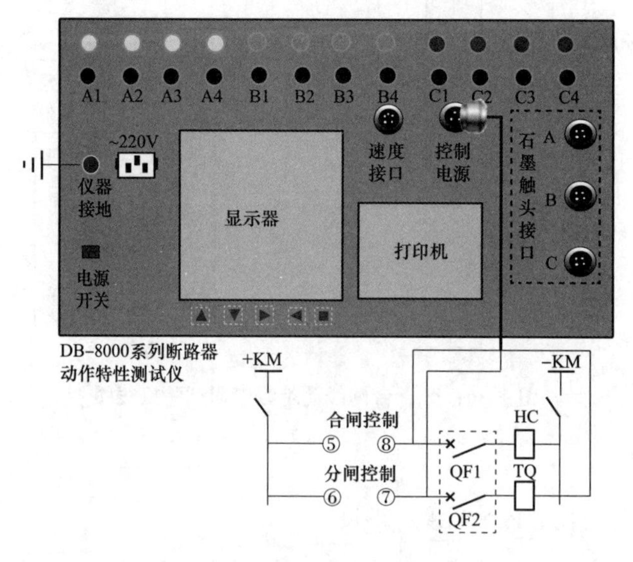

图 4 -7　分、合闸线圈低电压试验接线图

试验步骤：

（1）记录试验现场的环境温度、湿度。

（2）连接试验仪器接地线，确保接线牢固可靠。

（3）确认断路器状态。进行合闸线圈的动作特性试验时，断路器必须在分闸位置；

进行分闸线圈的动作特性试验时，断路器必须在合闸位置。

（4）查阅断路器的控制回路图纸，分别确定分、合闸回路的节点位置。

（5）将低压控制线分别对应于分、合闸回路应施加电压的节点位置进行接线；低压控制引出线接头一般由“分”“合”“公共端”组成，分闸特性试验时，利用“分”和“公共端”输出电压；合闸动作特性试验时，利用“合”和“公共端”输出电压。

（6）根据断路器控制电源的额定电压设置施加在分、合闸线圈上电压，起始电压应从较低电压开始，一般不大于控制电源额定电压的30%，逐步升高试验电压，测出分、合闸线圈的最低可靠动作电压并记录。

（7）对试验数据进行分析判断，得出结论。

五、分、合闸时间及同期性试验

1. 试验目的及意义

合闸时间是指断路器接到合闸指令瞬间起到灭弧触头接触瞬间的时间（即合闸线圈上电作为计时起点，到动、静触头刚合的时间）；分闸时间是指断路器接到分闸指令瞬间起到灭弧触头分离瞬间的时间（即分闸线圈上电作为计时起点，到动、静触头刚分的时间）。分、合闸时间测量可反映分、合闸回路中电磁铁、线圈、机构连杆的位置及性能状态。

同相同期性是指同相断口之间，分（合）闸时间的最大与最小之差值；相间同期性是指三相断口之间，分（合）闸时间的最大与最小之差值。同期性与断路器分、合闸线圈电磁铁动作特性，断路器传动机构，断路器行程有关，分、合闸同期超标将使系统短时间内处于非全相运行，不利于系统稳定，容易引起过电压，降低保护灵敏性。

2. 试验方法及接线

（1）普通金属触头断路器的时间测量。普通金属触头的灭弧部分为金属材料，其动、静触头的接触和分离用一般电信号检测即可。当仪器检测到分、合闸线圈上电信号时，启动计时器，同时对多路断口信号进行扫描采样、计时，一旦检测到断口信号状态发生改变，即停止计时，为断口的分、合闸时间，现场试验接线如图4－8所示。

（2）石墨触头（非金属触头）断路器的时间测量。石墨触头断路器的灭弧触头为非纯金属结构，其灭弧部分为半导体石墨材料，断路器分、合闸时，电弧主要由石墨部分来熄灭，以达到保护动、静触头金属部分的目的。在断路器分、合闸过程中，其金属导流桥和石墨触头的接触电阻值不是恒定的，故传统的由电信号直接检测断口通断的测试方法无法准确完成，接线图如图 4－9 所示。

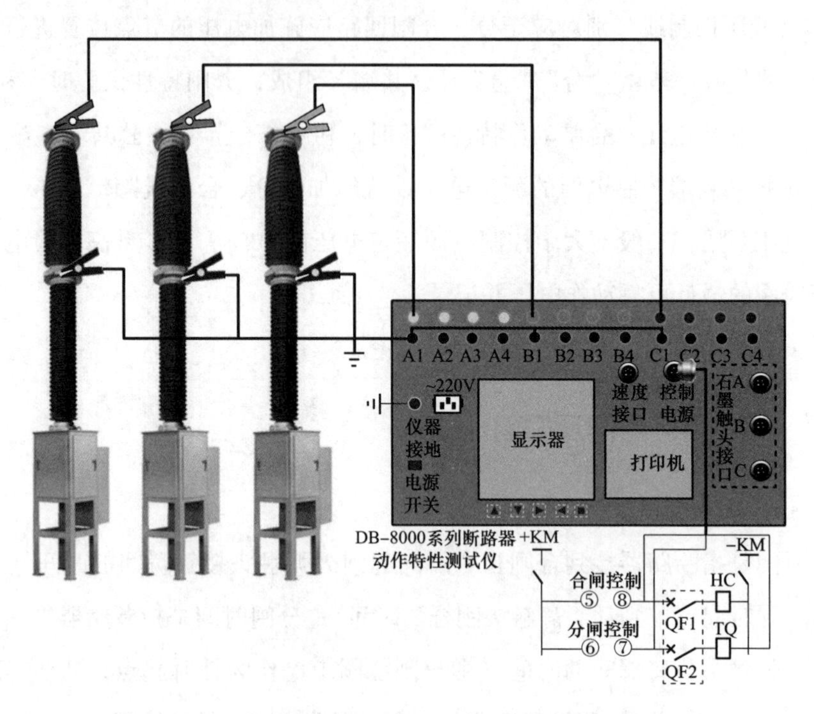

图 4－8　金属触头断路器分、合闸时间试验接线图

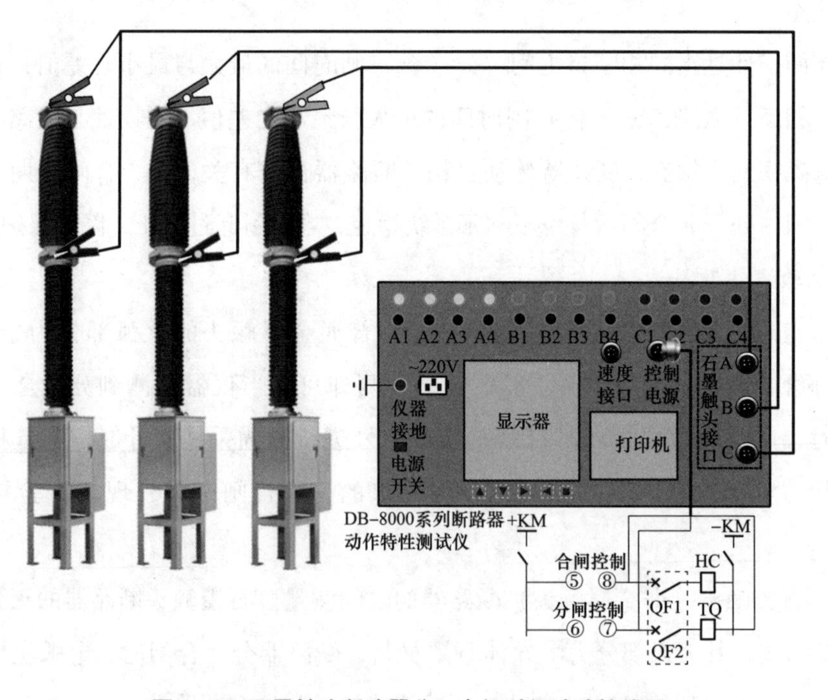

图 4－9　石墨触头断路器分、合闸时间试验接线图

（3）多断口断路器的时间测量。500kV 电压等级的断路器对地高度高、相间距离远，存在测试线长度不足的问题，且 500kV 断路器一般为双（多）断口结构，无法进行 A、B、C 三相同时测量，通常进行单相断路器的时间测量，再综合比较分析与判断。

双（多）断口金属触头断路器单相分、合闸时间试验接线图如图 4－10 所示。

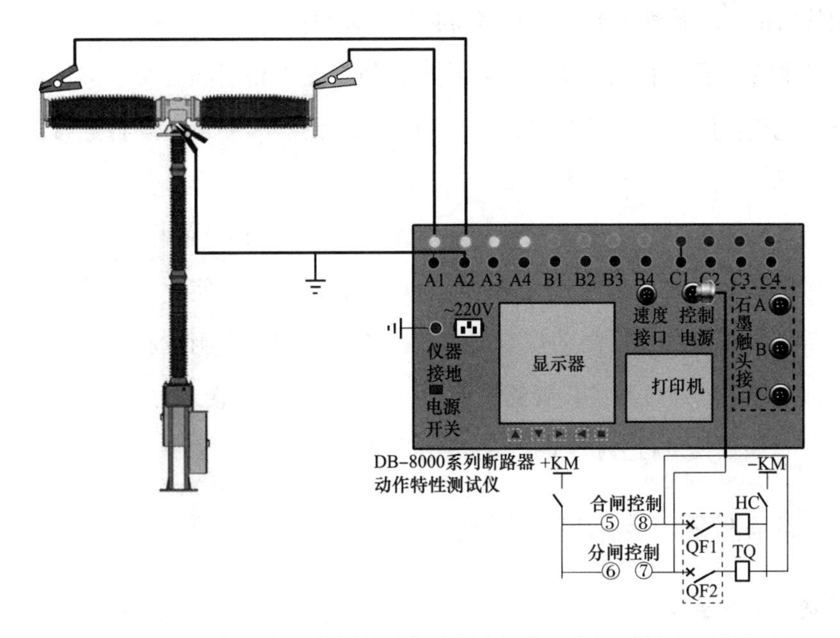

图 4－10　双（多）断口金属触头断路器单相分、合闸时间试验接线图

双（多）断口石墨触头断路器单相分、合闸时间试验接线图如图 4－11 所示。

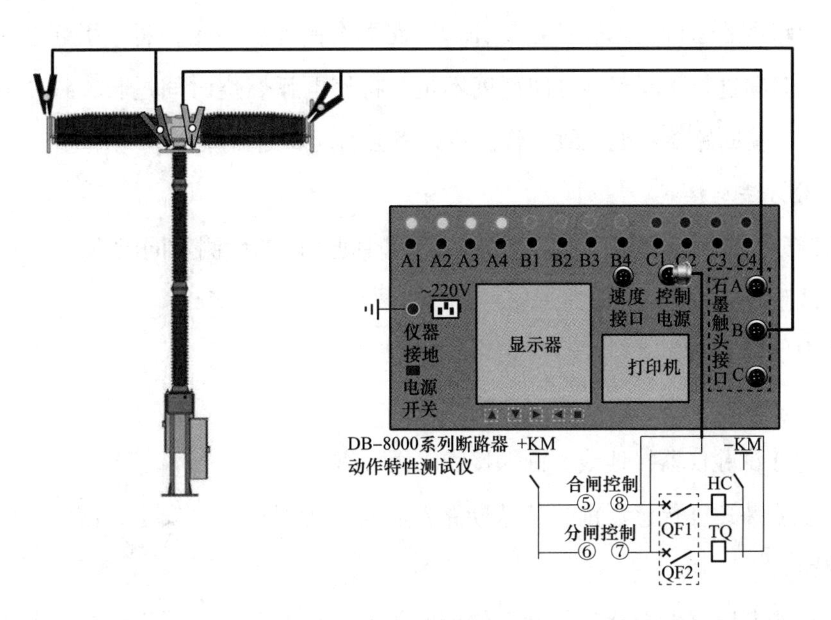

图 4－11　双（多）断口石墨触头断路器单相分、合闸时间试验接线图

试验步骤：

（1）记录试验现场的环境温度、湿度。

（2）连接试验仪器接地线，确保接线牢固可靠。

（3）确认断路器状态。进行合闸线圈的动作特性试验时，断路器必须在分闸位置；进行分闸线圈的动作特性试验时，断路器必须在合闸位置。

（4）根据断路器结构及触头材质连接测试线。在断路器高处接线前，应先在接线部位挂设接地线，然后进行试验接线，待测试线的仪器端和设备端都连接完毕后，方可取下接地线，以防感应电伤人。

（5）查阅断路器的控制回路图纸，分别确定分、合闸回路的相应节点位置。

（6）控制仪器在分（合）闸线圈上施加额定直流电压，使分（合）闸线圈可靠动作，测得断路器的分（合）闸动作时间。若断路器断带有合闸电阻，可同时在合闸时间特性测试过程中，通过相关设置测得合闸电阻的阻值及预接入时间。

（7）对试验数据进行分析判断，得出结论。

六、 断路器分、 合闸速度试验

1. 试验目的及意义

高压断路器的分、合闸速度是断路器的重要特性参数，反映出断路器的操动机构与传动机构在分、合闸过程中的运动特征。断路器分、合闸速度超出或者低于规定值均会影响断路器的运行状态和使用寿命。断路器合闸速度不足，将会引起触头合闸震颤，预击穿时间过长。断路器分闸速度不足，将使电弧燃烧时间过长，致使断路器触头烧坏严重，使断路器不能继续工作，重则将会引起断路器爆炸。

2. 试验方法及接线

断路器分、合闸速度可与断路器分、合闸时间及同期性测量同时进行，断路器分、合闸速度试验接线如图 4－12 所示。

试验步骤：

（1）记录试验现场的环境温度、湿度。

（2）连接试验仪器接地线，确保接线牢固可靠。

（3）在安装速度传感器前，确认断路器状态，为保证人员安全，需保证断路器处于分闸位置。

（4）检查断路器储能状态，确保储能空气开关已断开：液压机构断路器需将压力

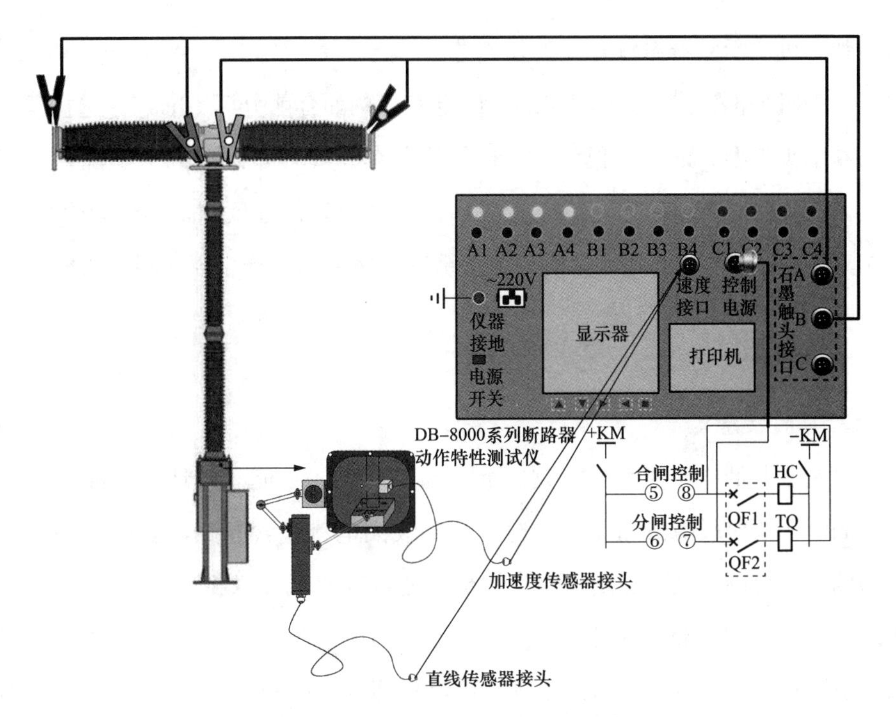

图4-12　断路器分、合闸速度试验接线图

泄压至0；弹簧机构断路器需确保储能标识为未储能状态。

（5）根据断路器型号、传动连杆结构、空间位置等情况，选择合适的速度传感器（旋转速度传感器、直线电阻速度传感器、加速度传感器）。注意部分型号断路器（例如西门子3AT2EI、阿尔斯通GL317/GL314型断路器）的传动连杆/拐臂设计存在特殊性，需配用专用的速度传感器，因此在开展停电试验前确定断路器型号，备妥相应试验用配件。

（6）确认断路器状态。进行合闸速度检测试验时，断路器必须在分闸位置；进行分闸速度检测试验时，断路器必须在合闸位置。

（7）根据断路器结构及触头材质连接测试线。在断路器高处接线前，应先在接线部位挂设接地线，然后进行试验接线，待测试线的仪器端和设备端都连接完毕后，方可取下接地线，以防感应电伤人。

（8）查阅断路器的控制回路图纸，分别确定分、合闸回路的相应节点位置。

（9）将低压控制线分别对应于分、合闸回路应施加电压的节点位置进行接线；低压控制引出线接头一般由“分”“合”“公共端”组成，分闸试验时，利用“分”和“公共端”输出电压；合闸试验时，利用“合”和“公共端”输出电压。

（10）试验接线完毕后核查断路器储能状态：液压机构断路器需将压力恢复至额定

压力值；弹簧机构断路器需打开触头开关进行储能。

（11）根据断路器型号设置相应的速度定义（例如合前分后10ms），选择传感器类型、断路器触头类型，设置行程参数，控制仪器在分（合）闸线圈上施加额定直流电压使分（合）闸线圈可靠动作，测得断路器的分（合）闸速度和行程时间曲线。

（12）对试验数据进行分析判断，得出结论，保存相应分、合闸测试数据。

七、断路器分、合闸线圈电流试验

1. 试验目的及意义

仅通过断路器低电压值来分析判断断路器的状态，不能有效地反映断路器内部潜在缺陷，同时无法对故障进行定位，分、合闸线圈电流蕴含断路器操作回路的极大信息，典型的分、合闸线圈动作电流暂态波形，通常有两个波峰和一个波谷，根据波峰、波谷出现的时间位置，将波形划分为5个阶段，代表分、合闸过程不同的运动过程，通过与历史数据的对比分析，可以发现断路器可能存在的缺陷并进行定位，能够直观、准确地反映出断路器各部件的运行状态。

2. 试验方法及接线

断路器分、合闸线圈电流测试可与断路器时间特性试验同时进行，也可单一进行。单一进行分、合闸线圈电流试验接线如图4－13所示。

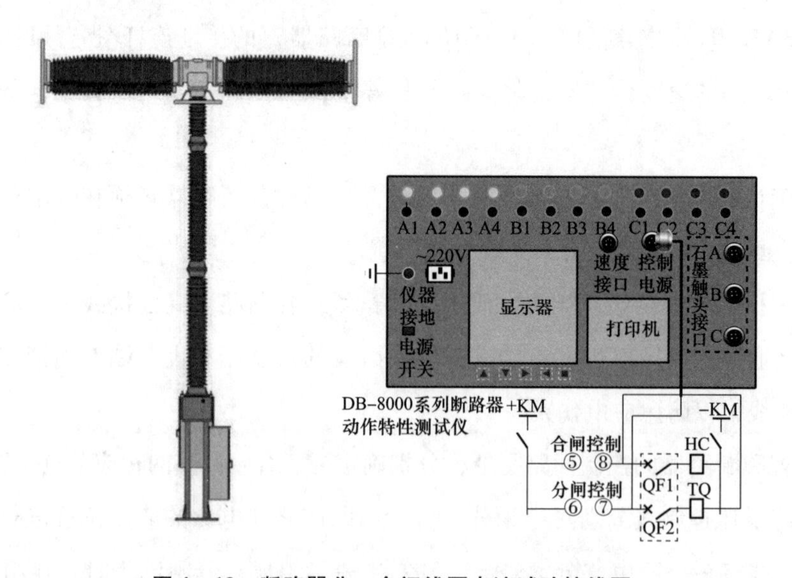

图4－13　断路器分、合闸线圈电流试验接线图

试验步骤：

（1）记录试验现场的环境温度、湿度。

（2）连接试验仪器接地线，确保接线牢固可靠。

（3）确认断路器状态。进行合闸线圈电流检测试验时，断路器必须在分闸位置；进行分闸线圈电流检测试验时，断路器必须在合闸位置。

（4）查阅断路器的控制回路图纸，分别确定分、合闸回路的相应节点位置及回路情况。

（5）将低压控制线分别对应于分、合闸回路应施加电压的节点位置进行接线；低压控制引出线接头一般由“分”“合”“公共端”组成，分闸试验时，利用“分”和“公共端”输出电压；合闸试验时，利用“合”和“公共端”输出电压。

（6）根据断路器控制电源的额定电压进行设置并施加在分、合闸线圈上，测出分、合闸线圈电流。

（7）对试验数据进行分析判断，得出结论，保存相应分、合闸线圈电流测试图形数据。

八、 回路电阻试验

1. 试验目的及意义

断路器回路电阻主要取决于断路器动、静触头的接触电阻，其大小直接影响正常运行时的发热情况及切断短路电流的性能，是反应安装检修质量的重要数据。

2. 试验方法及接线

对于单断口的断路器，通过断口两端的接线板测量断路器回路电阻。单断口断路器回路电阻试验接线图如图 4－14 所示。

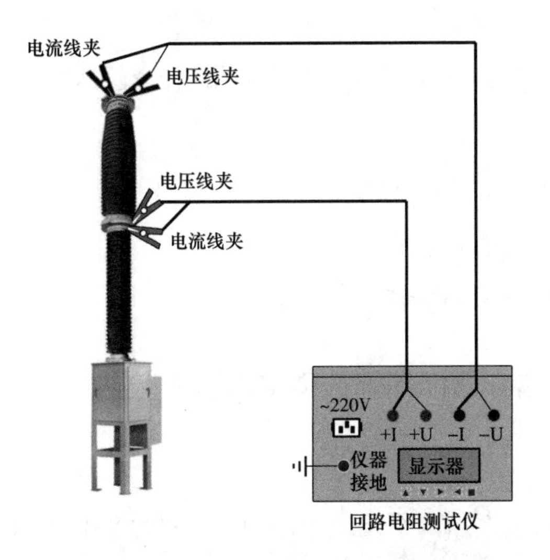

图 4－14　单断口断路器回路电阻试验接线图

对于多断口的断路器，测量断路器一次主回路的电阻值，不必对每个断口进行测量。多断路器回路电阻试验接线图如图 4－15 所示。

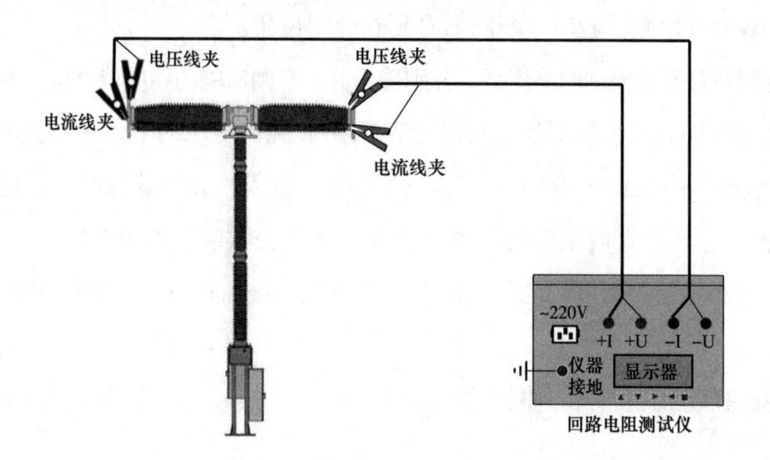

图 4－15　多断口断路器回路电阻试验接线图

试验步骤：

（1）记录试验现场的环境温度、湿度。

（2）连接试验仪器接地线，确保接线牢固可靠。

（3）确认断路器是否在合闸状态，若在分闸状态应先进行合闸操作。

（4）清除被试断路器接线板表面的油漆及金属氧化层后连接测试线。在断路器高处接线前，应先在接线部位挂设接地线，然后进行试验接线，待测试线的仪器端和设备端都连接完毕后，方可取下接地线，以防感应电伤人。

（5）确认测试线的电压夹钳和电流夹钳的相对位置，同根测试线的电压夹钳应更靠近断路器断口。

（6）接通仪器电源，设置测试参数（测试电流不小于 100A），启动测试，待测试完成后读取被测回路电阻值并记录。

（7）对试验数据进行分析判断，得出结论。

九、 并联电容器介质损耗因数及电容量试验

1. 试验目的及意义

并联电容器一般安装在由两个及以上断口构成的断路器上（常见于 500kV 电压等级的断路器），主要作用是均匀断口电压分布，同时改善开断性能。在开断近区故障时，并联电容器可以降低断口高频恢复电压上升限度，有利改善开断性能。

2. 试验方法及接线

并联电容器介质损耗因数及电容量试验时，根据断路器两侧接地开关的接地状态的不同，可采用不同的试验方法（正、反接法）：在断路器检修过程中，若断路器某一侧的接地开关（安措地刀）无法断开，则该侧断路器的并联电容器只能采用反接法进行试验；若断路器两侧的接地开关均可以断开，则两侧并联电容器既可以采用正接法也可以采用反接法进行试验。

采用反接法对一侧并联电容器进行测试的过程中，必须要采用等电位法对另一侧并联电容器进行屏蔽。反接法测试并联电容器 C_1 的接线图如图 4－16 所示。

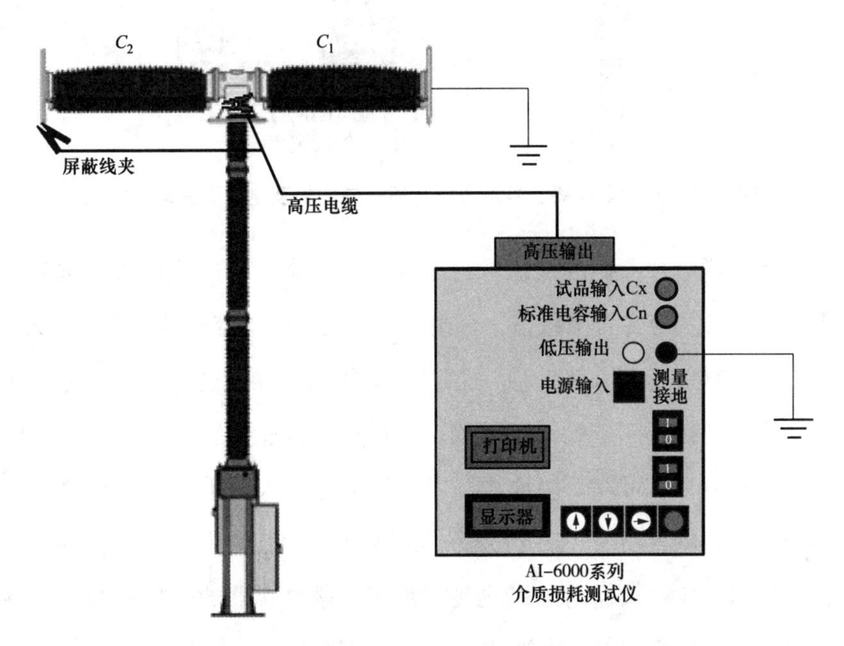

图 4－16　并联电容器反接法进行介质损耗因数及电容量试验接线图

正接法测试并联电容器 C_2 的接线图如图 4－17 所示。

在仪器有低压屏蔽法测试功能时，建议采用低压屏蔽法同时测量 C_1、C_2 两个电容。断路器均压电容采用低压屏蔽法进行介质损耗因数及电容量试验的接线图和正接法相同，如图 4－17 所示。

试验步骤：

（1）记录试验现场的环境温度、湿度。

（2）连接试验仪器接地线，确保接线牢固可靠。

（3）确认断路器是否在分闸状态，若在合闸状态，应先进行分闸操作。

（4）确认被试断路器两侧接地开关状态，按照实际情况确定试验方法。采用正接

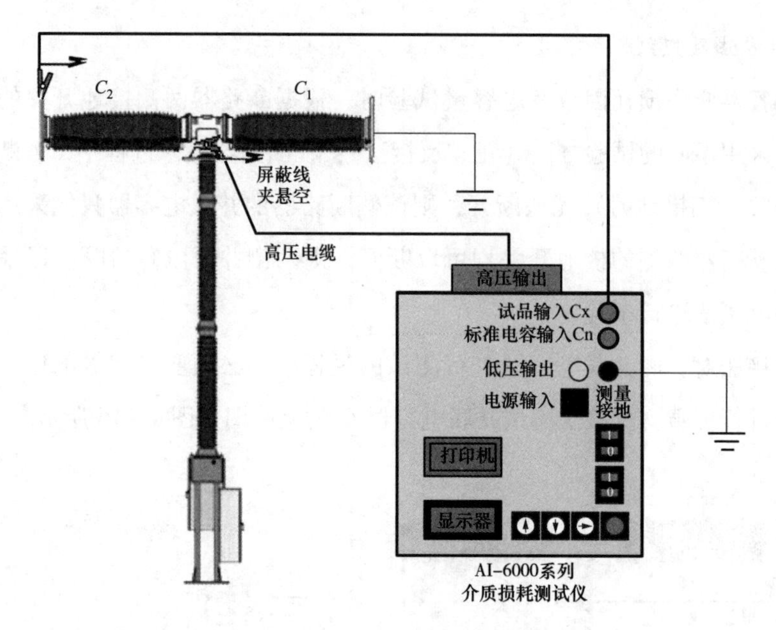

图 4－17　并联电容器正接法进行介质损耗因数及电容量试验接线图

法测试时，所测并联电容器侧的接地开关应在分闸状态；采用反接法测试时，所测并联电容器侧的接地开关应在合闸状态，否则应对所测并联电容器的一端进行人为接地。

（5）连接测试线，碰触设备前应注意对被试并联电容器进行充分放电。在断路器高处接线前，应先在接线部位挂设接地线，然后进行试验接线，待测试线的仪器端和设备端都连接完毕后，方可取下接地线，以防感应电伤人。采用正接法时，应将仪器高压引线接至该并联电容器的一端接线板，仪器 Cx 端接至该并联电容器的另一端接线板；采用反接法时，应将仪器高压引线接至被试并联电容器的非接地端，并将高压屏蔽线接至非被试并联电容器的远离被试并联电容器端。

（6）复查接线正确无误后，接通仪器电源进行相应设置并启动测试，施加测量电压为 10kV。

（7）测试完成后读取数据并记录，切断电源并对被试设备进行充分放电。

（8）对试验数据进行分析判断，得出结论。

十、 SF_6气体湿度试验

1. 试验目的及意义

SF_6气体的湿度是指 SF_6气体中水蒸气的含量；单位通常用（μL/L 或 ppm）。SF_6中水分的检测方法主要有重量法、电解法、露点法。现常用的检测法是露点法。

露点法的检测原理是将被测的 SF_6 气体在恒定压力下，以一定的流量流经微水仪测定室中的金属镜面，该镜面的温度用制冷法降低并可精确地测量出来。当气体中的水蒸气随着镜面温度的降低而达到饱和时，镜面上便出现露，此时所测得的镜面温度即为露点。

2. 试验方法及接线

SF_6 气体湿度试验接线图，如图 4-18 所示。

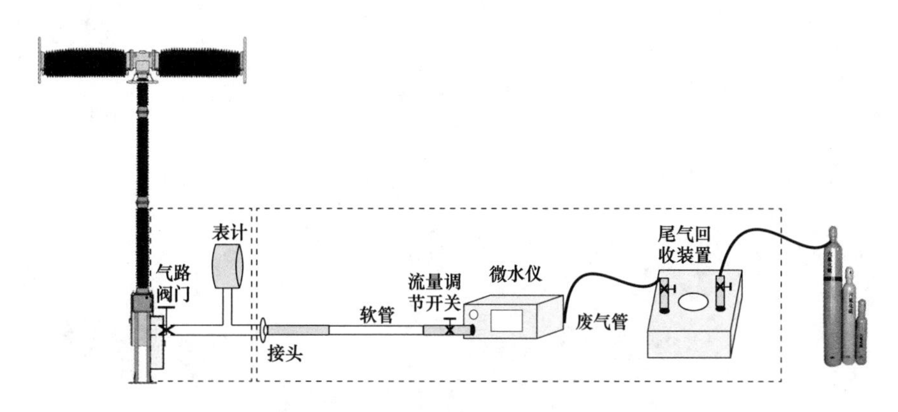

图 4-18　SF_6 气体湿度试验接线图

试验步骤：

（1）记录试验现场的环境温度、湿度、气室压力。

（2）将仪器接地，并开机、预热。

（3）确认断路器取气口形状及规格，选取仪器附件箱中与其对应的取气接口。

（4）将仪器的流量调节阀调到最小位置。

（5）按照要求连接断路器、仪器、尾气回收装置间的气体管路，管道连接应先接仪器端，后接设备端。仪器若较长时间未经使用，使用前应用高纯氮通气干燥；若管道、接头受潮可先用吹风机或高纯氮吹干。

（6）打开设备取气阀门，缓慢调节仪器流量至仪器测量的要求值，并检测管路及接口位置有无 SF_6 气体泄漏现象。

（7）冲洗气体管路约 30s 后开始检测，测量过程中应随时监视设备气体压力，防止设备气体压力异常下降。

（8）试验结束后，记录结果并关闭设备阀门，取下气体管路。

（9）对试验数据进行分析判断，得出结论。

Chapter Five 第五章

并联电容器停电试验

第一节　并联电容器概述

电容器（capacitor）是电网中用于补偿感性无功功率、提高功率因数、改善电压质量和降低线路损耗的高压电气设备，是电力系统中无功补偿的主要装置。

一、电容器的基本原理

任意的两块金属电极，中间用绝缘介质隔开，即可构成一个电容器，电容器的电容通常用字母 C 表示，其基本原理图如图 5－1 所示。

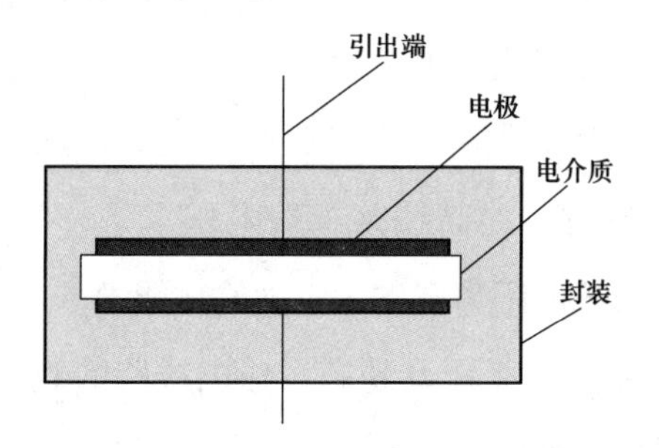

图 5－1　电容器原理图

电容器电容量 C 的大小主要由其几何尺寸及两极板间绝缘介质的特性所决定，其电容量大小可由式（5－1）求得

$$C = \frac{\varepsilon S}{4\pi kd} \tag{5-1}$$

式中　ε——两极板间绝缘介质的介电常数；

S——两极板正对面积；

d——两极板间距离；

k——静电力常量。

在国际单位制里，电容的单位为法拉，简称法，符号为 F，而由于在实际使用中法拉（F）单位太大，所以常用的电容单位有微法（μF）、纳法（nF）、皮法（pF）等。

电容器作为一种储能元件，当在电容器两极板上施加电压时，电极上就会储存一定量的电荷，电容器的电容量 C 与其所带电荷量 Q 及两电极间电压 U 有如下关系

$$C = \frac{Q}{U} \tag{5-2}$$

电容器两电极间的电压 U 不能产生突变，在电路中电容器具备“通交阻直”功能，在直流电路中相当于开路状态。

二、 电容器的分类

电力系统中常见的电容器，按照用途分为并联电容器、串联电容器、耦合电容器和均压电容器等。

（1）并联电容器：又称为移相电容器，可以长期在工频交流额定电压下运行，且能承受一定的电压，其作用主要是补偿电力系统中的感性负载的无功功率，以提高系统的功率因数，改善电能质量，降低线路功率损耗；还可以直接与异步电机的定子绕组并联，构成自激运行的异步发电装置。并联电容器按照其结构不同，又可分为单台铁壳式、箱式、集合式、半封闭式、干式和充气式等。

（2）串联电容器：又叫作纵向补偿电容器，一般可串联于工频高压输、配电线路中，主要用来补偿线路的感抗，提高线路末端电压水平，提高系统的动、静稳定性，改善线路的电压质量，增长输电距离和增大电力输送能力。

（3）耦合电容器：主要用于高压及超高压输电线路的载波通信系统，同时也可作为测量、控制、保护装置中的部件。

（4）均压电容器：又叫断路器并联电容器，一般并联于断路器的断口上，使各断口间的电压在开断时分布均匀，可改善断路器灭弧特性，提高断路器的开断能力。

本章主要介绍并联电容器的停电试验方法及步骤。

三、 并联电容器的基本结构

并联电容器主要由油浸纸绝缘的电容元件、浸渍剂、紧固件、引出线、外壳和套管等部件组成。电容元件由铝箔极板和电容器纸卷制而成，一台电容器由数十个乃至数百个这样的电容元件串并联组成电容芯子。并联电容器的电容量一般较大（μF 级），额定电压多为 35kV 及以下，其结构特点是串并联电容元件密封在充满绝缘油的金属壳体中，引线由瓷套管引出供连接用。并联电容器的基本结构如图 5 - 2 所示。

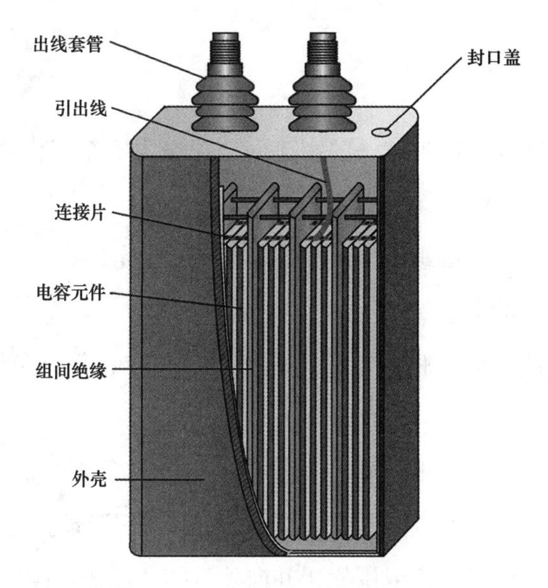

图 5－2　并联电容器的基本结构

第二节　并联电容器停电试验要求

一、人员要求

（1）熟悉现场安全作业要求，能够严格遵守电力生产和工作现场相关管理规定，并经 Q/GDW 1799.1《国家电网公司电力安全工作规程　变电部分》考试合格。

（2）身体状况和精神状态良好，未出现疲劳困乏或情绪异常。

（3）了解现场试验条件，熟悉高处作业的安全措施。

（4）了解并联电容器结构特点、工作原理、运行状况和设备典型故障的基础知识。

（5）试验负责人应熟悉并联电容器停电试验的相关项目、试验方法、诊断方法、缺陷定性方法、相关规程标准要求，熟悉各种影响试验结果的因素及消除方法。

（6）试验人员应具备必要的电气知识和高压试验技能，熟悉相关试验仪器的原理、结构、用途及其正确使用方法。

（7）高压试验工作不得少于两人；试验负责人应由有经验的人员担任。

二、 安全要求

（1）严格执行 Q/GDW 1799.1《国家电网公司电力安全工作规程　变电部分》中的相关规定。

（2）严格执行保证安全的组织措施和技术措施的规定。

（3）正确使用合格的劳动保护用品。

（4）试验负责人应根据并联电容器停电试验的特点，做好危险点的分析和预想，并提出相应的预防措施。

（5）试验前应针对相关停电试验项目准备工作票和标准作业卡，试验负责人应对全体试验人员详细交代试验中的安全注意事项，并有书面记录。

（6）试验前应装设专用遮栏或围栏，并向外悬挂“止步，高压危险!”标示牌，必要时应派专人监护，监护人在试验期间应始终履行监护职责，不得擅自离开现场或兼任其他工作。

（7）登高作业时，作业人员应系好安全带，做好防滑措施，使用便携工具包，严禁上下抛掷工具。

（8）被试设备的金属外壳应可靠接地；高压引线应尽量缩短，必要时用绝缘物固定牢固。

（9）接取试验电源时，应两人进行，一人监护，一人操作。

（10）试验前后电容器两极之间、两极与地之间均应充分放电，避免剩余电荷或感应电荷伤人、损坏试验仪器，尤其是并联电容器应直接从两个引出端上直接放电，而不应仅在连接导线上对地放电。因为大多数并联电容器两极与连接导线板连接时均串有熔断器，若存在熔断器熔断的情况，在连接板上放电不一定能将该并联电容器上所储存的电荷释放干净。

（11）加压前必须认真检查试验接线，确认接线无误后，通知有关人员离开被试设备，并在取得试验负责人的许可后方可开始加压，加压过程应有人监护并呼唱。

（12）试验过程中，试验人员应保持精力集中，发生异常情况时应立即断开电源，待查明原因后方可继续进行试验。

（13）测试大容量试品时，高压端应接限流电阻。

（14）试验结束，应在断开电源后对电容器进行充分放电并接地，方可更改接线。测量绝缘电阻时，应先断开绝缘电阻表高压端，再关闭绝缘电阻表电压输出，防止试品反充电损坏绝缘电阻表。

三、 环境要求

除非另有规定，否则试验应在满足环境条件相对稳定且符合以下条件时进行。

（1）环境温度不宜低于 +5℃。

（2）环境相对湿度不宜大于 80%。

（3）户外试验应在良好的天气进行。

（4）开展并联电容器停电试验时，现场区域应满足试验安全距离要求。

第三节　并联电容器停电试验项目及方法

根据 Q/GDW 1168—2013《输变电设备状态检修试验规程》要求，并联电容器停电试验项目包括绝缘电阻试验、电容量试验，相应试验要求见表 5－1，具体流程如图 5－3所示。

表 5－1　　电容器停电试验要求

序号	试验项目	基准周期	试验标准	说明
1	绝缘电阻	自定（≤6 年）； 新投运 1 年内	≥2000MΩ	采用 2500V 绝缘电阻表测量
2	电容量测量	自定（≤6 年）； 新投运 1 年内	电容器组的电容量与额定值的相对偏差应符合下列要求： （1）3Mvar 以下电容器组：－5%～10%； （2）从 3Mvar 到 30Mvar 电容器组：0%～10%； （3）30Mvar 以上电容器组：0%～5%。且任意两线端的最大电容量与最小电容量之比值，应不超过 1.05。 当测量结果不满足上述要求时，应逐台测量。单台电容器电容量与额定值的相对偏差应在－5%～10%之间，且初值差不超过 ±5%	—

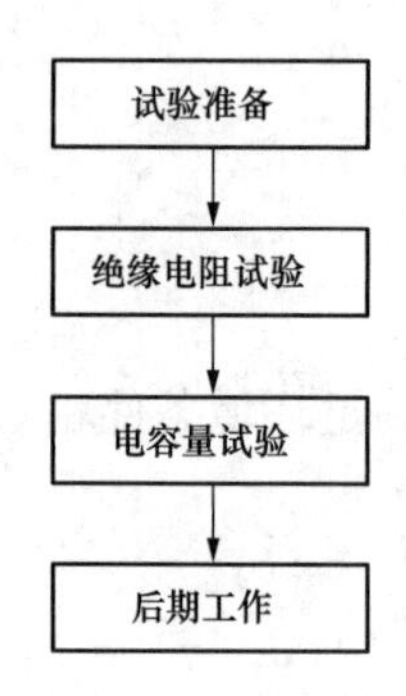

图5－3　并联电容器停电试验流程图

一、试验准备

1. 技术资料准备

开展并联电容器停电试验前根据标准报告要求编制试验报告格式，按试验需求准备相应的技术资料，如厂家技术说明书、交接试验报告、例行试验报告等。

2. 试验仪器准备

按实际需求配备齐全各类仪器仪表，经检查应完好合格，试验仪器必须具备有效的检定合格证书。试验仪器清单见表5－2。

表5－2　试验仪器清单

序号	仪器、设备名称	准确级	规格	数量
1	绝缘电阻测试仪	5.0级	2500V	1只
2	电容电感测试仪	—	—	1台
3	电源盘	220V	—	1个
4	绝缘手套	—	—	若干
5	安全围栏	—	—	若干
6	工具箱	—	—	1套

3. 现场人员分工

现场试验人员不宜少于3人，具体人员配置及分工见表5－3。

表5－3　人员配备一览表

人员配备	人数	作业人员要求
工作负责人（安全监护人）	1	必须持有高压专业相关职业资格证书并经批准上岗，必须熟悉Q/GDW 1799.1的相关知识，并经考试合格

续表

人员配备	人数	作业人员要求
操作人	1	应身体健康、精神状态良好，必须具备必要的电气知识，掌握本专业作业技能
记录及改接线人	1	应身体健康、精神状态良好，必须具备必要的电气知识，掌握本专业作业技能

4. 现场试验范围布置

试验现场要求按照电气试验管理进行安全围栏布置，向外悬挂“止步，高压危险!”标示牌、“在此工作!”标示牌、“由此进出!”标示牌等。试验操作人员应站在绝缘垫上进行操作。试验时，所有人员应与带电部位保持足够的安全距离。现场试验布置图如图5－4所示。

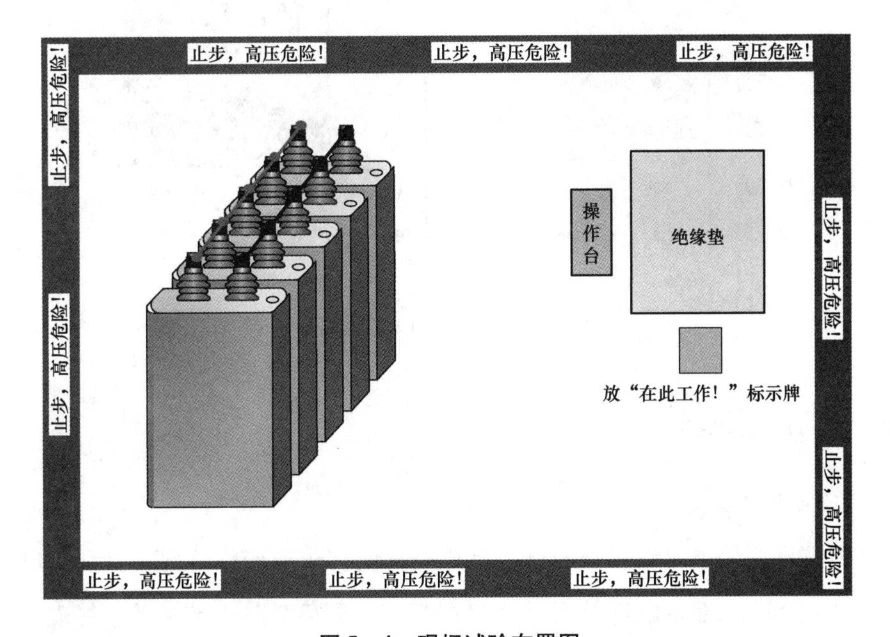

图5－4　现场试验布置图

二、 绝缘电阻试验

1. 试验目的及意义

绝缘电阻试验主要是测量并联电容器极对壳间绝缘状况。

2. 试验方法及接线

试验步骤：

（1）对被试并联电容器两极进行充分放电。

（2）检查电容器外观、污秽等情况，判断电容器是否满足试验要求状态。

（3）将绝缘电阻表E端及并联电容器外壳可靠接地，用裸铜线将并联电容器两极短接，接绝缘电阻表L端，如图5-5所示。

（4）接线完成后经检查确认无误，选用2500V挡绝缘电阻表进行测量。

（5）绝缘电阻表到达额定输出电压后，读取60s时绝缘电阻值。

（6）对试验数据进行分析判断，得出结论。

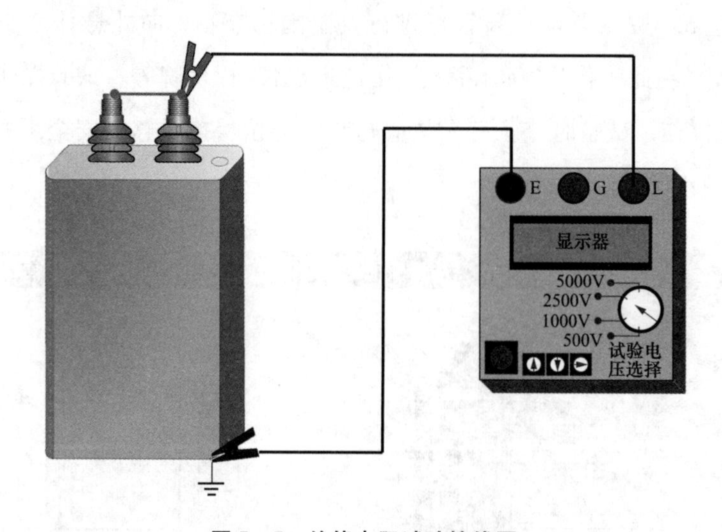

图5-5　绝缘电阻试验接线图

三、电容量试验

1. 试验目的及意义

开展并联电容器电容量试验的目的是检查其电容值的变化情况，以判断电容器内部接线是否正确，内部各电容单元是否存在断线、击穿短路或绝缘受潮等现象，以避免在运行中发生事故。

2. 试验方法及接线

并联电容器电容量测试常用电流电压法，其原理是在并联电容器两端施加适当的电压，测量电路中的电流，计算出电容值。试验接线如图5-6所示。

试验步骤：

（1）对被试并联电容器两极均进行充分放电。

（2）检查电容器外观、污秽等情况，判断电容器是否满足试验要求状态。

（3）将电容电感测试仪可靠接地。

（4）进行试验接线，先将从电容电感测试仪电压输出端引出的红夹子和黑夹子分别接到电容器（电容器组）两端；然后将从电流输入端引出的钳形电流夹夹到需要测量电流的部位，如果是测量总电流，也可以直接夹到电压引线上。

（5）接线完成后经检查确认无误，选择电容量测量，并按下测试按钮开始进行测量。

（6）待数据稳定后，读取并记录电容量数值。

（7）对测试的试验数据进行分析判断，得出结论。

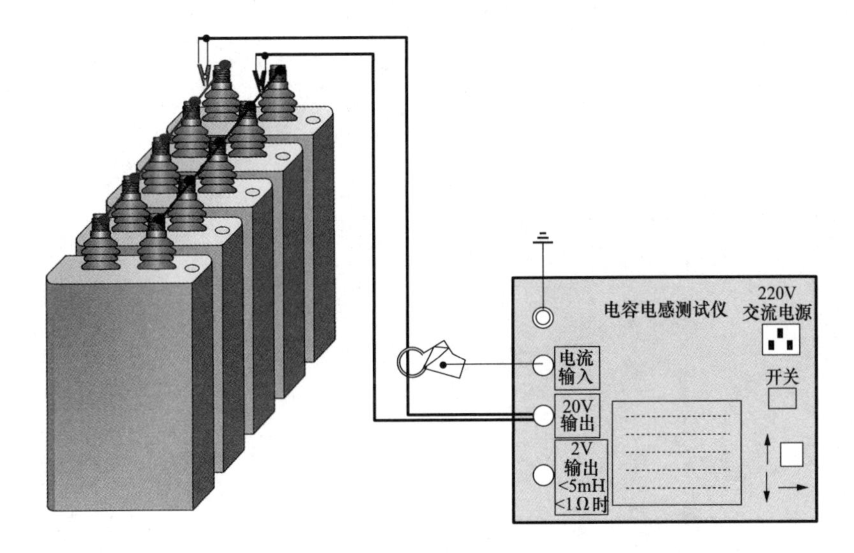

图 5－6　电容量试验接线图

Chapter Six | 第六章

电抗器停电试验

第一节　电抗器概述

电抗器（inductor）是电网中用于限流、滤波或改善功率因数的高压电气设备，是电力系统中作为无功补偿的主要装置。

一、 电抗器的基本原理

电气回路主要有电阻、电容和电感，其中电感是具有抑制电流变化并能使交流电移相的器件，通常就把因具有电感特性而应用于电力系统中的装置叫电抗器，也叫电感器。

电抗器的电感 L 是一个结构参数，其大小与电源无关，但是电抗 $X(X = \omega L)$ 则与电源频率有关。电抗器的电感 L 与电感线圈匝数平方、线圈磁路材料磁导率、导磁面积成正比，与磁路长度成反比。

$$L = \frac{W^2 \mu S}{l} \tag{6-1}$$

式中　W——电感线圈匝数；

μ——线圈磁路材料磁导率；

S——导磁面积；

l——磁路长度。

在电力系统中，常见的电抗器主要有串联电抗器和并联电抗器。串联电抗器主要是用来限制短路电流，也有在滤波器中与电容器串联或并联用来限制电网中的高次谐波；并联电抗器主要是用来吸收电网中的容性无功功率，如500kV 电网中的高压电抗器、500kV 变电站中的低压电抗器，都是用于吸收线路中充电电容无功的，220、110、35、10kV 电网中的电抗器是用来吸收电缆线路的充电容性无功，通过调整并联电抗器的数量可以调整运行电压。

在超高压系统中并联电抗器具有多种功能：①减弱轻空载或轻负荷线路上的电容效应，以降低工频暂态过电压；②改善长输电线路上的电压分布；③使轻负荷时线路中的无功功率尽可能就地平衡，防止无功功率不合理流动，同时也减轻了线路上的功率损失；④在大机组与系统并列时，降低高压母线上工频稳态电压，便于发电机同期并列；⑤防止发电机带长线路可能出现的自励磁谐振现象；⑥当采用电抗器中性点经小电抗接地装置时，还可用小电抗器补偿线路相间及相地电容，以加速潜供电流自动熄灭，便于采用单相快速重合闸。

二、 电抗器的分类

（1）按相数分：单相电抗器、三相电抗器。

（2）按冷却装置种类分：干式电抗器、油浸式电抗器。

（3）按结构特征分：空心式电抗器、铁芯式电抗器。

（4）按安装地点分：户内型电抗器、户外型电抗器。

（5）按用途分：并联电抗器、限流电抗器、滤波电抗器、平波电抗器、消弧电抗器、阻波器、起动电抗器等。

本章主要介绍的是干式空心并联电抗器和油浸式电抗器的停电试验方法及步骤。

三、 干式并联电抗器的基本结构

干式并联电抗器一般是由多个同轴同心的圆筒式绕组并联组成，每个绕组由环氧树脂浸渍过的玻璃纤维对线圈进行包封绝缘，整体经高温固化后每层绕组的导线引出端均焊接在上、下铝合金星型支架上，如图 6－1 所示。考虑经济性的原因，由于绕包环氧绝缘胶与铜、铝导线的膨胀系数之比与铝导线相接近，所以户外空心干式并联电抗器的绕组多采用铝导线。

图 6－1　干式并联电抗器结构图

在干式并联电抗器表面覆盖有耐紫外线辐射、抗老化的绝缘漆，且为了防止电抗器表面出现树枝状爬电，还会在表面喷涂憎水性 RTV 防污闪涂料，以使其具有良好的耐恶劣气候特性。

四、 油浸式电抗器的基本结构

油浸式电抗器的绝缘结构与变压器的结构相同，但只有一个线圈——励磁线圈，铁芯是电抗器的核心，由芯柱和铁轭组成；其芯柱由若干个铁芯饼叠加而成，铁芯饼之间用绝缘垫块隔开，形成间隙，其铁轭结构与变压器相似；芯柱与铁轭由压缩装置通过拉螺杆拉紧，形成一个整体。油浸式电抗器结构图如图 6－2 所示。

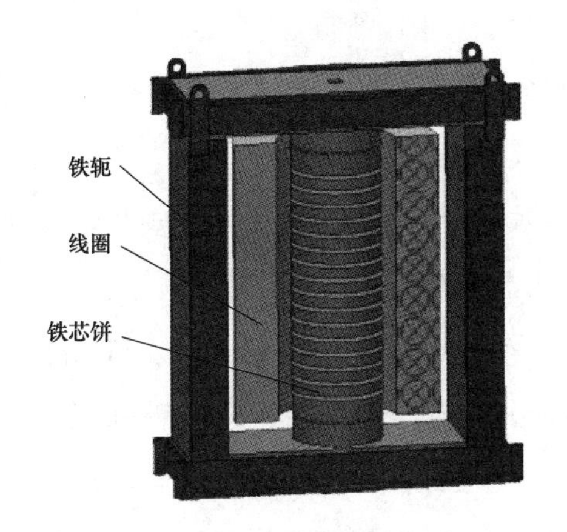

图 6－2　油浸式电抗器结构图

第二节　电抗器停电试验要求

一、 人员要求

（1）熟悉现场安全作业要求，能够严格遵守电力生产和工作现场相关管理规定，并经 Q/GDW 1799.1《国家电网公司电力安全工作规程　变电部分》考试合格。

（2）身体状况和精神状态良好，未出现疲劳困乏或情绪异常。

（3）了解现场试验条件，熟悉高处作业的安全措施。

（4）了解干式并联电抗器或油浸式并联电抗器结构特点、工作原理、运行状况和设备典型故障的基础知识。

（5）试验负责人应熟悉干式并联电抗器或油浸式并联电抗器停电试验的相关项目、试验方法、诊断方法、缺陷定性方法、相关规程标准要求，熟悉各种影响试验结果的因素及消除方法。

（6）试验人员应具备必要的电气知识和高压试验技能，熟悉相关试验仪器的原理、结构、用途及其正确使用方法。

（7）高压试验工作不得少于两人；试验负责人应由有经验的人员担任。

二、安全要求

（1）严格执行 Q/GDW 1799.1《国家电网公司电力安全工作规程　变电部分》中的相关规定。

（2）严格执行保证安全的组织措施和技术措施的规定。

（3）正确使用合格的劳动保护用品。

（4）试验负责人应根据干式并联电抗器或油浸式并联电抗器停电试验的特点，做好危险点的分析和预想，并提出相应的预防措施。

（5）试验前应针对相关停电试验项目准备工作票和标准作业卡，试验负责人应对全体试验人员详细交代试验中的安全注意事项，并有书面记录。

（6）试验前应装设专用遮栏或围栏，并向外悬挂“止步，高压危险!”标示牌，必要时应派专人监护，监护人在试验期间应始终履行监护职责，不得擅自离开现场或兼任其他工作。

（7）上下干式并联电抗器或油浸式并联电抗器时，作业人员应系好安全带，做好防滑措施，使用便携工具包，严禁上下抛掷工具。

（8）被试设备的金属外壳应可靠接地；高压引线应尽量缩短，必要时用绝缘物固定牢固。

（9）接取试验电源时，应两人进行，一人监护，一人操作。

（10）试验前后应对被试设备进行充分放电并接地，避免剩余电荷或感应电荷伤人、损坏试验仪器。

（11）加压前必须认真检查试验接线，确认接线无误后，通知有关人员离开被试设备，并取得试验负责人的许可后方可开始加压，加压过程应有人监护并呼唱。

（12）试验过程中，试验人员应保持精力集中，发生异常情况时应立即断开电源，待查明原因后方可继续进行试验。

三、 环境要求

除非另有规定，否则试验应在满足环境条件相对稳定且符合以下条件时进行。

（1）环境温度不宜低于5℃。

（2）环境相对湿度不宜大于80%。

（3）户外试验应在良好的天气进行。

（4）禁止在有雷电或邻近高压设备时使用绝缘电阻表，以免发生危险。

第三节　并联电抗器停电试验项目及方法

根据Q/GDW 1168—2013《输变电设备状态检修试验规程》要求，并联电抗器停电试验项目包括绝缘电阻试验、直流电阻试验、介质损耗因数及电容量试验，相应试验要求见表6－1，具体流程如图6－3所示。

表6－1　　电抗器试验标准

序号	试验项目	基准周期	试验标准	说明
1	绝缘电阻测量	4年	绝缘电阻无显著下降	采用2500V绝缘电阻表测量
2	直流电阻测量	（1）1～3年或自行规定。 （2）大修后。 （3）必要时	（1）三相电抗器绕组直流电阻相互间差值不应大于三相平均值的2%。 （2）与同温下出厂值比较相应变化不应大于2%	不同温度下的电阻值换算 $\frac{R_2}{R_1}=\frac{T+t_2}{T+t_1}$ 式中　R_1、R_2——温度t_1、t_2时的直流电阻值； T——计算用取235，铝导线取225
3	介质损耗因数及电容量测量	110（66）kV及以上：3年。 35kV及以下：4年	（1）330kV电压等级及以上绕组介质损耗因数应满足小于等于0.5%（注意值）。 （2）110kV电压等级及以上套管介质损耗因数应满足小于等于0.7%（注意值），电容量初值差不超过5%（警示值）	—

续表

序号	试验项目	基准周期	试验标准	说明
4	绝缘油特性	330kV 及以上：3月。 220kV：半年； 35～110（66）kV：1年	（1）乙炔： 1）≤1μL/L（330kV及以上）； 2）≤5μL/L（其他）（注意值）。 （2）氢气≤150μL/L（注意值）。 （3）总烃≤150μL/L（注意值）。 （4）绝对产气速率≤12mL/d（防膜式）（注意值）或≤6mL/d（开放式）（注意值）。 （5）相对产气率≤10%/月（注意值）。 （6）油耐受电压≥30kV	—

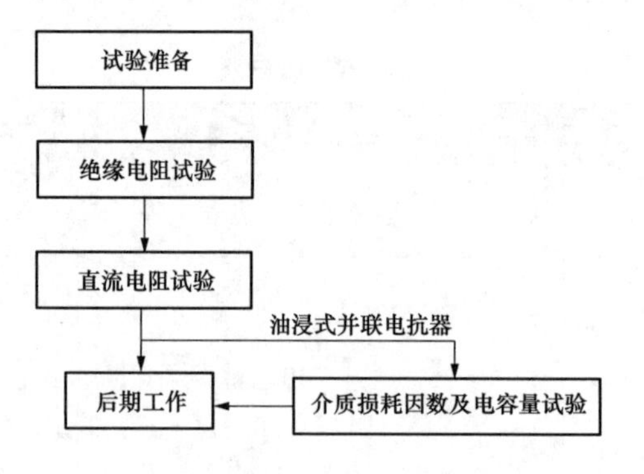

图6-3 并联电抗器停电试验流程图

一、试验准备

1. 技术资料准备

开展并联电抗器停电试验前根据标准报告格式要求编制试验报告，按试验需求准备相应的技术资料，如厂家技术说明书、交接试验报告、上次例行试验报告等。

2. 试验仪器准备

按实际需求配备齐全各类仪器仪表，经检查应完好合格，试验仪器必须具备有效的检定合格证书。试验仪器清单见表6-2。

表6－2　试验仪器清单

序号	仪器、设备名称	准确级	规格	数量
1	绝缘电阻测试仪	5.0级	2500V	1只
2	变压器直流电阻测试仪	—	—	1台
3	介质损耗因数测试仪	—	1级	1台
4	电源盘	220V	—	1个
5	绝缘手套	—	—	若干
6	安全围栏	—	—	若干
7	工具箱	—	—	1套

3. 现场人员分工

现场试验人员不得少于3人，具体人员配置及分工见表6－3。

表6－3　人员配备一览表

人员配备	人数	作业人员要求
工作负责人（安全监护人）	1	必须持有高压专业相关职业资格证书并经批准上岗，必须熟悉Q/GDW 1799.1的相关知识，并经考试合格
操作人	1	应身体健康、精神状态良好，必须具备必要的电气知识，掌握本专业作业技能
记录及改接线人	2	应身体健康、精神状态良好，必须具备必要的电气知识，掌握本专业作业技能

4. 现场试验范围布置

试验现场要求按照电气试验管理进行安全围栏布置，向外悬挂“止步，高压危险！”标示牌、“在此工作！”标示牌、“由此进出！”标示牌等。试验操作人员应站在绝缘垫上进行操作。试验时，所有人员应与带电部位保持足够的安全距离。现场试验布置图如图6－4所示。

二、绝缘电阻试验

1. 试验目的及意义

并联电抗器绝缘电阻试验主要目的是初步判断电抗器绕组对地之间的绝缘状况，检查绕组是否存在受潮、绝缘击穿、严重过热老化等缺陷。

2. 试验方法及接线

（1）绕组绝缘电阻试验方法及接线。试验步骤：

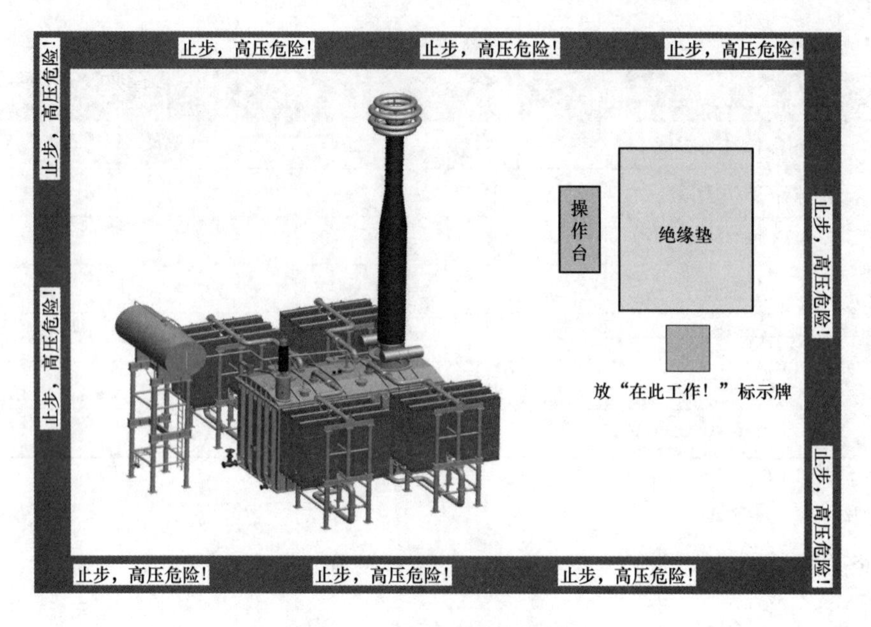

图 6－4　现场试验布置图

1）记录好并联电抗器铭牌信息、环境温度和湿度。

2）对被试并联电抗器进行充分放电。

3）检查电抗器外观、污秽等情况，判断电抗器是否满足试验要求状态。

4）先将绝缘电阻表 E 端接地，确保接线牢固可靠。

5）测量干式电抗器绝缘电阻时，试验接线如图 6－5 所示，将电抗器首尾接线排短接并接于绝缘电阻表的 L 端；测量油浸式电抗器绝缘电阻时，试验接线如图 6－6 所示，将电抗器首尾套管短接并接于绝缘电阻表的 L 端。

6）试验接线完成后，试验负责人检查试验接线并确认无误后操作人方可进行试验；操作人员应站在绝缘垫上，查看并确认并联电抗器上无人工作后即可开始进行试验，试验过程应注意大声呼唱。

7）操作绝缘电阻表，选择合适的电压挡位（选用 2500V 挡），启动开始测试，测试过程中操作人员应把手放在电源开关附近，随时警戒异常情况发生。

8）读取并记录 60s 时绝缘电阻表的绝缘电阻值。

9）按下复归按钮，仪器放电。

10）手动对被试并联电抗器放电。

11）测试的试验数据进行分析判断，得出结论。

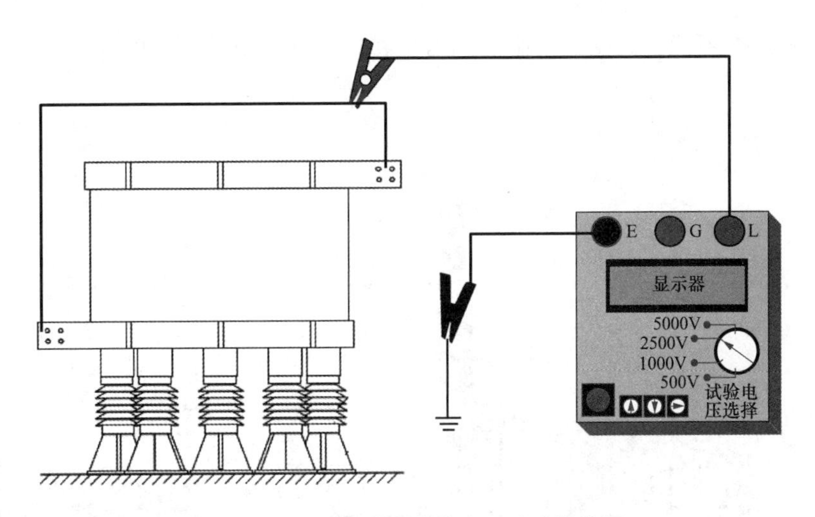

图 6－5　干式电抗器绝缘电阻试验接线图

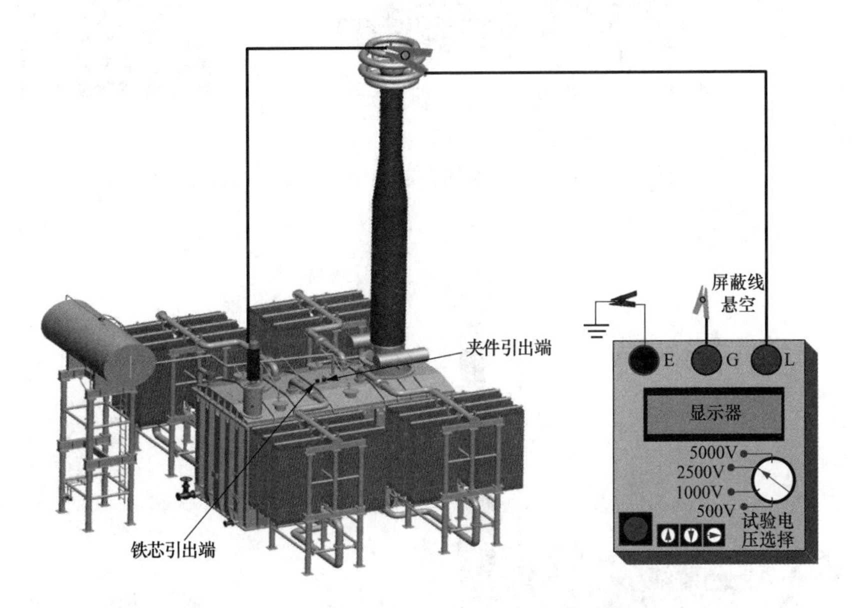

图 6－6　油浸式电抗器绝缘电阻试验接线图

（2）铁芯、夹件绝缘电阻试验方法及接线。试验步骤：

1）记录好并联电抗器铭牌信息、环境温度和湿度。

2）对被试并联电抗器进行充分放电。

3）检查电抗器外观、污秽等情况，判断电抗器是否满足试验要求状态。

4）先将绝缘电阻表 E 端接地，确保接线牢固可靠。

5）测量油浸式电抗器铁芯绝缘电阻时，试验接线如图 6－7 所示，将绝缘电阻表的 L 端接在铁芯引出端，并确定夹子已夹牢；测量油浸式电抗器夹件绝缘电阻时，试验接线如图 6－8 所示，将绝缘电阻表的 L 端接在夹件引出端，并确定夹子已夹牢。

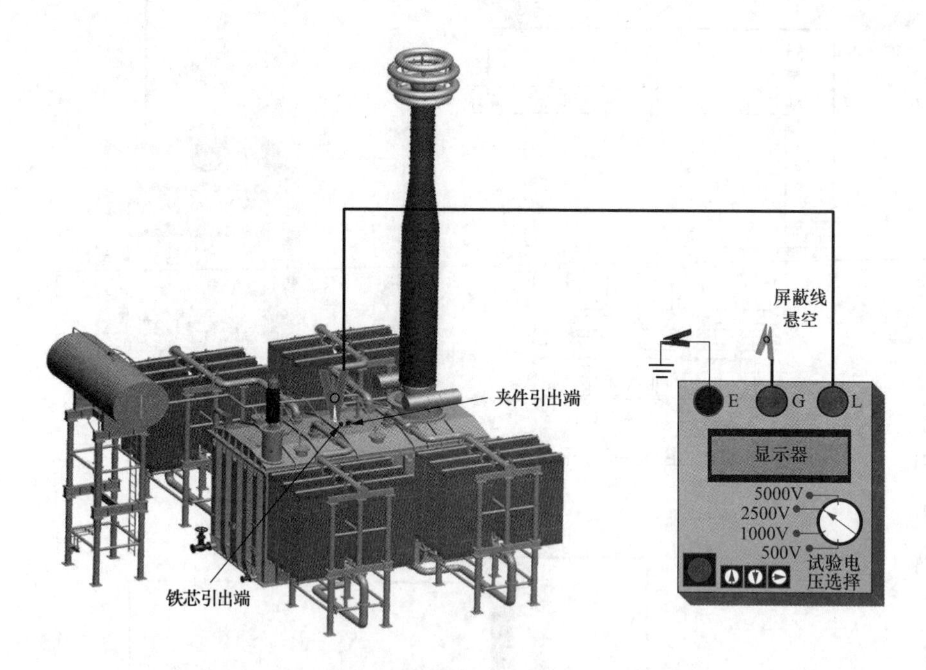

图 6－7　油浸式电抗器铁芯绝缘电阻试验接线图

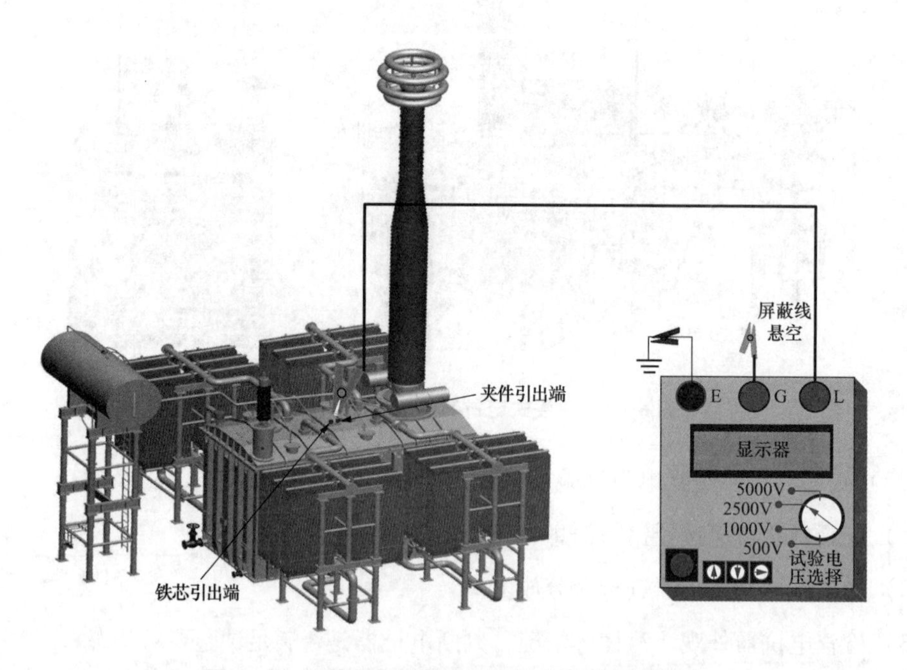

图 6－8　油浸式电抗器夹件绝缘电阻试验接线图

6）试验接线完成后，试验负责人检查试验接线并确认无误后操作人方可进行试验；操作人员应站在绝缘垫上，查看并确认并联电抗器上无人工作后即可开始进行试验，试验过程应注意大声呼唱。

7）操作绝缘电阻表，选择合适的电压挡位（选用2500V挡），启动开始测试，测试过程中操作人员应把手放在电源开关附近，随时警戒异常情况发生。

8）读取并记录60s时绝缘电阻表的绝缘电阻值。

9）按下复归按钮，仪器放电。

10）手动对被试并联电抗器放电。

11）对试验数据进行分析判断，得出结论。

三、 直流电阻试验

1. 试验目的及意义

并联电抗器绕组直流电阻试验主要目的是检查绕组导线的焊接质量、接头是否松动、绕组所用导线是否符合规格等，可有效发现电抗器绕组接头松动、断线等缺陷。

2. 试验方法及接线

试验步骤：

（1）记录好并联电抗器铭牌信息、环境温度和湿度。

（2）对被试并联电抗器进行充分放电。

（3）检查电抗器外观、污秽等情况，判断电抗器是否满足试验要求状态。

（4）对直流电阻测试仪进行接地，先接接地端，后接仪器端，确保接地线牢固、可靠；直流电阻测试仪上的红色端子+U、+I分别接红色夹子的两根线（+U接细线，+I接粗线），黑色端子-U、-I分别接黑色夹子的两根线（-U接细线，-I接粗线）。

（5）进行干式电抗器直流电阻试验时，试验接线如图6-9所示，分别将红色钳夹和黑色钳夹夹于电抗器首尾端接线排处；进行油浸式电抗器直流电阻试验时，试验接线如图6-10所示，分别将红色钳夹和黑色钳夹夹于电抗器首尾套管处。

（6）试验接线完成后，试验负责人检查试验接线并确认无误后操作人方可进行试验；操作人员应站在绝缘垫上，查看并确认电抗器上无人工作后即可开始进行试验，试验过程应注意大声呼唱。

（7）操作直流电阻测试仪，开机启动后，首先选择测试电流值（选择电流5A），然后启动开始试验，试验过程中操作人员应把手放在电源开关附近，随时警戒异常情况发生。

（8）待试验数据稳定后，记录数值R。

（9）试验结束，按下复归按钮，仪器放电，等待放电指示在零位后，关闭电源。

（10）手动对被试并联电抗器放电。

（11）对试验数据进行分析判断，得出结论。

（12）拆除试验接线，整理现场。

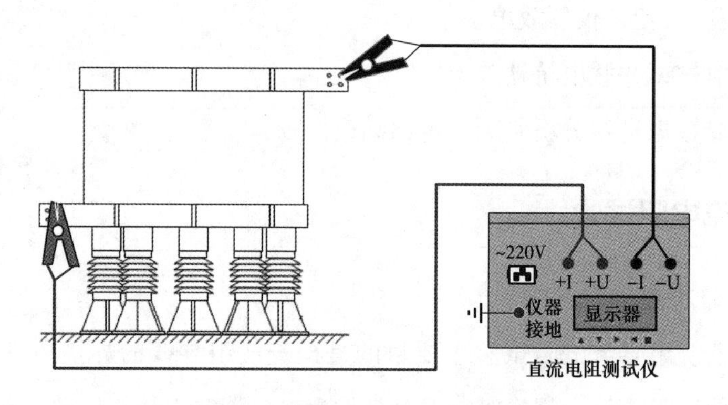

图 6－9　干式电抗器直流电阻试验接线图

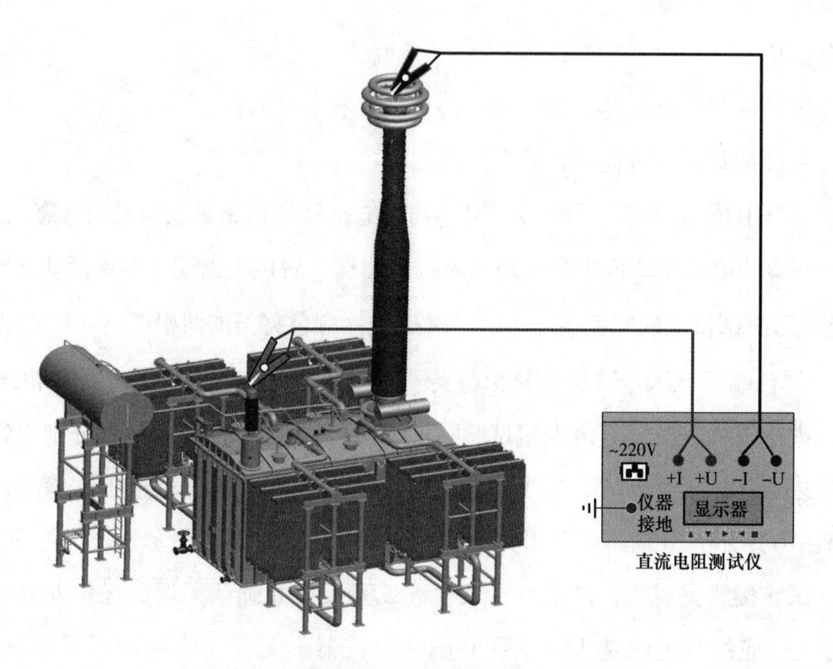

图 6－10　油浸式电抗器直流电阻试验接线图

四、 介质损耗因数及电容量试验 （油浸式电抗器）

1. 试验目的及意义

介质损耗因数及电容量试验是判断油浸式电抗器绝缘状态的一种较有效的手段，

主要用来检查油浸式电抗器整体受潮、油质劣化及严重的局部缺陷等。

2. 试验方法及接线

试验步骤：

（1）记录并联电抗器铭牌信息、环境温度和湿度。

（2）对被试并联电抗器进行充分放电。

（3）检查电抗器外观、污秽等情况，判断电抗器是否满足试验要求状态。

（4）将介质损耗因数测试仪可靠接地。

（5）开始进行试验接线时从设备端到仪器端，先接接地端，后接导体端，试验接线完毕后，需试验负责人进行试验接线检查，确认无误后才能进行下一步试验。

（6）采用反接法（如图 6－11 所示）进行试验，试验施加电压为交流 10kV。

（7）用万用表测量试验电源确是 220V，接线盘保护正常后，打开试验仪器电源开关。

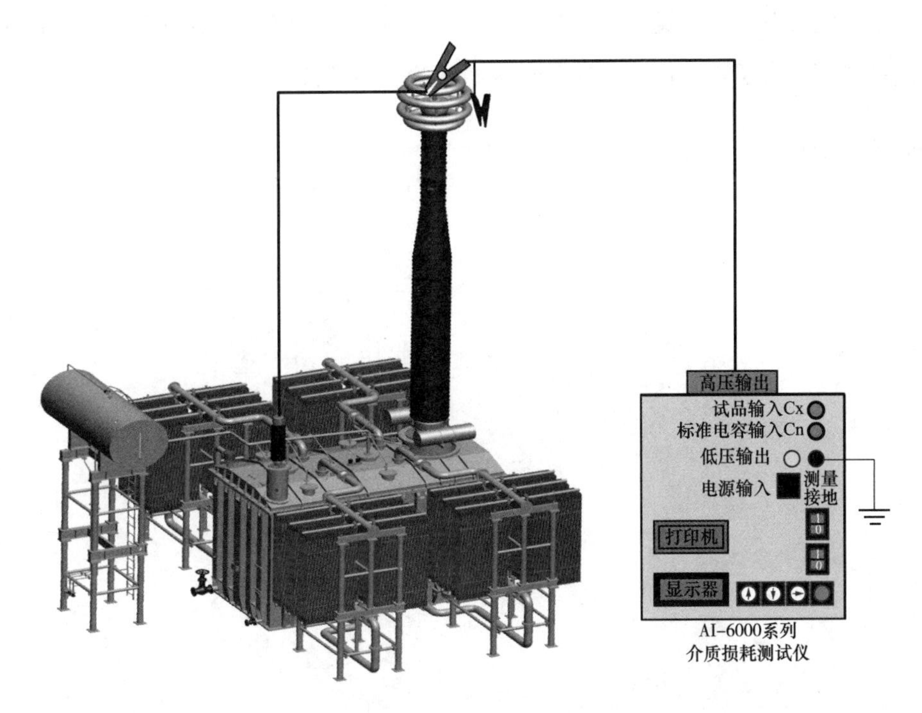

图 6－11　油浸式电抗器介质损耗因数及电容量试验接线图

（8）检查试验操作人员站在绝缘垫上，查看试验区内无其他人员，确认电抗器上无人工作，确有试验人员监护。

（9）大声呼唱“开始加压”，得到试验负责人回复允许加压后按下测试按钮进行测量。加压期间手指虚按在电源开关上，同时密切注意设备和试验围栏内环境，便于在紧急情况下快速断开试验电源。

（10）等待试验结束后，先断开高压允许开关，快速读取并记录介质损耗因数及电容量值。

（11）关闭试验仪器，断开试验电源，对被试品进行放电。

（12）对试验数据进行分析判断，得出结论。

（13）拆除试验线，并放电接地。

五、 绝缘油试验

分析油中溶解气体的组分和含量是监视充油设备安全运行的最有效的措施之一。该方法适用于充有矿物质绝缘油和以纸或层压板为绝缘材料的电气设备。对判断充油电气设备内部故障有价值的气体包括：氢气、甲烷、乙烷、乙烯、乙炔、一氧化碳、二氧化碳。定义总烃为烃类气体含量的总和，即甲烷、乙烷、乙烯和乙炔含量的总和。

试验步骤：参照第一章中变压器绝缘油试验步骤进行。

Chapter Seven | 第 七 章

避雷器停电试验

第一节　避雷器概述

避雷器是电力系统中的重要电力设备之一，它的作用是保护其他电气设备免遭雷电冲击波袭击。当沿线路传入变电站的雷电冲击波超过避雷器保护水平时，避雷器首先放电，并将雷电流经过良好的导体安全引入大地，利用接地装置使雷电流幅值限制在被保护设备雷电冲击水平以下，使电气设备受到保护。

一、 避雷器的基本原理

避雷器原理如图 7－1 所示，避雷器使用时安装在被保护设备附近，与被保护设备并联。当被保护设备在正常工作电压下运行时，避雷器不会产生作用，对地来说视为断路。一旦出现高电压，且危及被保护设备绝缘时，避雷器立即动作，通过并联放电间隙或非线性电阻的作用，对入侵流动波进行削幅，将高电压冲击电流导向大地，从而限制电压幅值，起到保护电气设备的作用。当过电压消失后，避雷器迅速恢复原状，使系统能够正常供电。

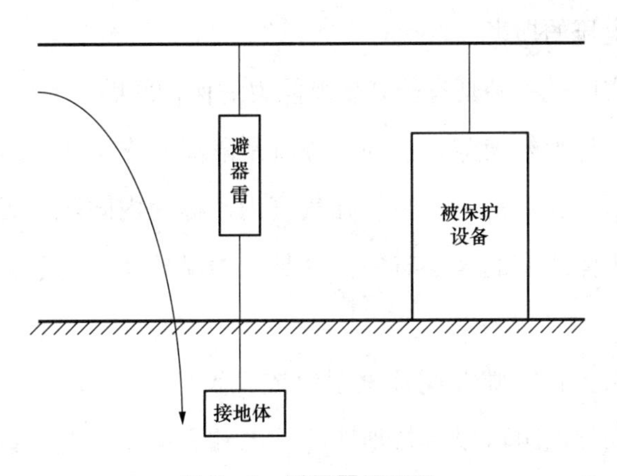

图 7－1　避雷器原理图

以常用的氧化锌避雷器为例。在系统正常运行电压下，金属氧化锌避雷器的总泄漏电流由阀片泄漏电流、绝缘杆泄漏电流和瓷套泄漏电流三个部分组成。当避雷器正常运行时，通过阀片的电流是总泄漏电流的主要成分，因此可认为通过阀片的电流就是避雷器的总泄漏电流。

金属氧化锌避雷器的阀片相当于一个非线性电阻和电容组成的并联电路，如图7－2所示，在正常持续运行电压下，避雷器的全电流（持续泄漏电流）由容性电流和阻性电流两部分共同组成，其中容性电流占全电流的大部分，阻性电流只占全电流的小部分。

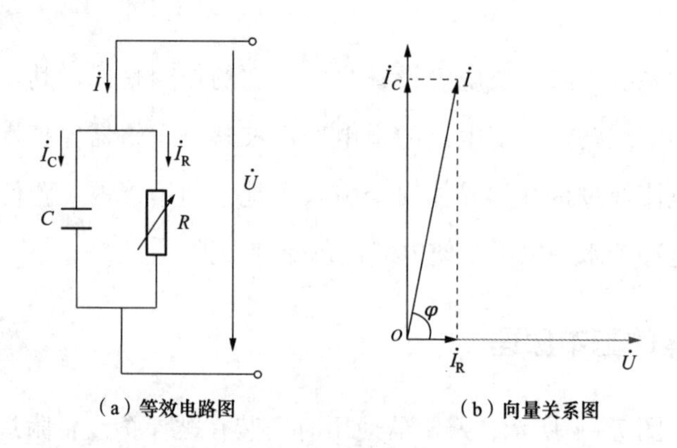

图7－2　金属氧化锌避雷器等效电路图及向量关系图

二、避雷器的分类

避雷器的主要类型有管型避雷器、阀型避雷器和氧化锌避雷器等。每种类型避雷器的主要工作原理是不同的，但是它们的工作实质是相同的，都是为了保护供电线路和电气设备不受过电压的损害。

管型避雷器：实际是一种具有较高熄弧能力的保护间隙，它由两个串联间隙组成，一个间隙在大气中，称为外间隙，它的任务就是隔离工作电压，避免产气管被流经管子的工频泄漏电流所烧坏；另一个装设在气管内，称为内间隙或者灭弧间隙，管型避雷器的灭弧能力与工频续流的大小有关。这是一种保护间隙型避雷器，大多用在供电线路上作避雷保护。

阀型避雷器：由火花间隙及阀片电阻组成，阀片电阻的制作材料是特种碳化硅。利用碳化硅制作的阀片电阻可以有效地防止雷电和高电压，对设备进行保护。当有雷电高电压时，火花间隙被击穿，阀片电阻的电阻值下降，将雷电流引入大地，这就保护了线缆或电气设备免受雷电流的危害。在正常的情况下，火花间隙是不会被击穿的，阀片电阻的电阻值较高。

氧化锌避雷器：是一种保护性能优越、质量轻、耐污秽的避雷设备。它主要利用氧化锌良好的非线性伏安特性，使在正常工作电压时流过避雷器的电流极小（微安或毫安级）；当过电压作用时，电阻急剧下降，泄放过电压的能量，达到保护的效果。这种避雷器和传统避雷器的差异是它没有放电间隙，因而也不需要灭弧，利用氧化锌的非线性特性起到泄流和开断的作用，保护可靠性高，在电力系统中应用越来越多。本章主要介绍氧化锌避雷器。

三、 氧化锌避雷器的基本结构

氧化锌避雷器由主体元件、绝缘底座、接线盖板和均压环（110kV 及以上等级具有）等组成。

敞开式设备中氧化锌避雷器主要有瓷套型和复合型，如图7－3和图7－4所示，一般由以下几个主要部件组成。

（1）串联的氧化锌非线性电阻片（或称阀片）组成阀芯。

（2）玻璃纤维增强热固性树脂（FRP）构成的内绝缘和机械强度材料。

（3）热硫化硅橡胶外伞套材料或外瓷套。

（4）有机硅密封胶和黏合剂。

（5）内电极、外接线端子及金具。

GIS 型的氧化锌避雷器结构图如图7－5所示。

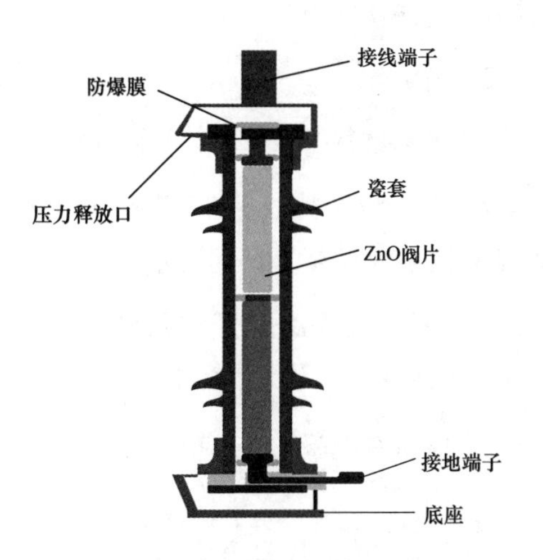

图7－3　瓷套型氧化锌避雷器内部结构图

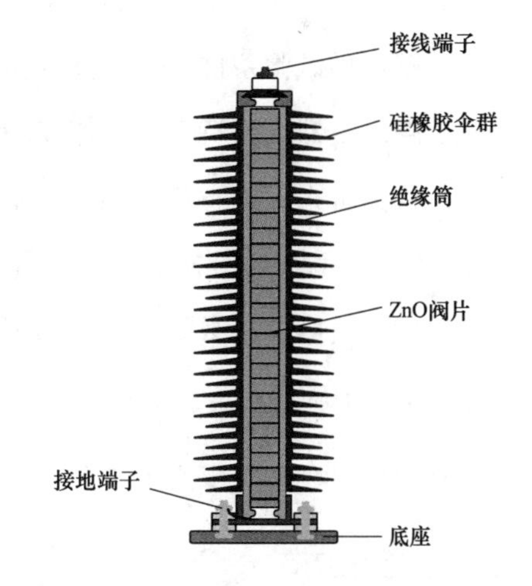

图7－4　复合型氧化锌避雷器内部结构图

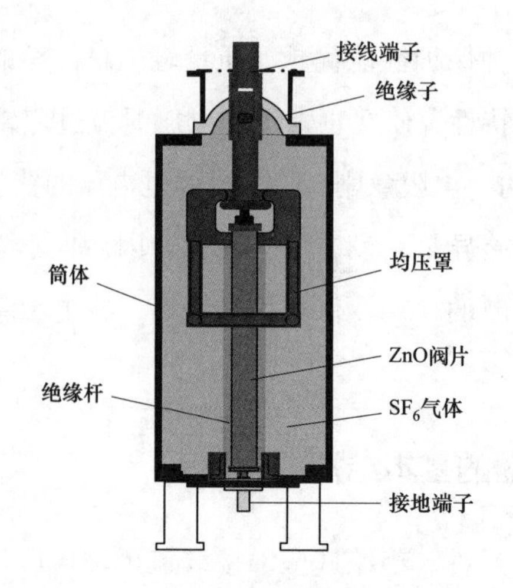

图7-5　GIS型氧化锌避雷器内部结构图

第二节　避雷器停电试验要求

一、人员要求

（1）熟悉现场安全作业要求，能够严格遵守电力生产和工作现场相关管理规定，并经Q/GDW 1799.1《国家电网公司电力安全工作规程　变电部分》考试合格。

（2）身体状况和精神状态良好，未出现疲劳困乏或情绪异常。

（3）了解现场试验条件，熟悉高处作业的安全措施。

（4）了解避雷器结构特点、工作原理、运行状况和设备典型故障的基础知识。

（5）试验负责人应熟悉避雷器停电试验的相关项目、试验方法、诊断方法、缺陷定性方法、相关规程标准要求，熟悉各种影响试验结果的因素及消除方法。

（6）试验人员应具备必要的电气知识和高压试验技能，熟悉相关试验仪器的原理、结构、用途及其正确使用方法。

（7）现场试验人员不得少于3人；试验负责人应由有经验的人员担任。

二、安全要求

（1）严格执行Q/GDW 1799.1《国家电网公司电力安全工作规程　变电部分》中的相关规定。

（2）严格执行保证安全的组织措施和技术措施的规定。

（3）正确使用合格的劳动保护用品。

（4）试验负责人应根据避雷器停电试验的特点，做好危险点的分析和预想，并提出相应的预防措施。

（5）试验前应针对相关停电试验项目准备工作票和标准作业卡，试验负责人应对全体试验人员详细交代试验中的安全注意事项，并有书面记录。

（6）试验前应装设专用遮栏或围栏，并向外悬挂“止步，高压危险!”标示牌，必要时应派专人监护，监护人在试验期间应始终履行监护职责，不得擅自离开现场或兼任其他工作。

（7）高压引线应尽量缩短，必要时用绝缘物固定牢固。

（8）接取试验电源时，应两人进行，一人监护，一人操作。

（9）试验前后应对被试设备进行充分放电并接地，避免剩余电荷或感应电荷伤人、损坏试验仪器。

（10）加压前必须认真检查试验接线，确认接线无误后，通知有关人员离开被试设备，并取得试验负责人的许可后方可开始加压，试验操作人员应站在绝缘垫上，加压过程应有人监护并大声呼唱。

（11）试验过程中，试验人员应保持精力集中，发生异常情况时应立即断开电源，待查明原因后方可继续进行试验。

（12）避雷器直流试验结束后，除了对避雷器本体放电外，还应对周边容性设备充分放电。

三、 环境要求

除非另有规定，否则试验应在满足环境条件相对稳定且符合以下条件时进行。

（1）环境温度不宜低于5℃。

（2）环境相对湿度不宜大于80%。

（3）禁止在雷雨天进行避雷器试验。

第三节　避雷器停电试验项目及方法

根据Q/GDW 1168—2013《输变电设备状态检修试验规程》要求，避雷器停电试验项目包括绝缘电阻试验、直流 1mA 电压（U_{1mA}）及 0.75U_{1mA} 下漏电流试验、放电计数器功能检查，相应试验要求见表 7－1，具体流程如图 7－6 所示。

表 7－1　　避雷器停电试验要求

序号	试验项目	基准周期	试验标准	说明
1	直流参考电压及泄漏电流测量	（1）110（66）kV 及以上：3 年； （2）35 kV 及以下：4 年	（1）U_{1mA} 初值差不超过 ±5% 且不低于 GB 11032《交流无间隙金属氧化物避雷器》规定值（注意值）； （2）0.75U_{1mA} 泄漏电流初值差≤30% 或≤50μA（注意值）	对于单相多节串联结构，应逐节进行。U_{1mA} 偏低或 0.75U_{1mA} 下漏电流偏大时，应先排除电晕和绝缘表面泄漏电流的影响。除例行试验之外，有下列情形之一的金属氧化物避雷器，也应进行本项目： （1）红外热像检测时，温度同比异常； （2）运行电压下持续电流偏大； （3）有电阻片老化或者内部受潮的家族缺陷，隐患尚未消除
2	底座绝缘电阻测量		≥ 100MΩ	用 2500V 的绝缘电阻表测量。当运行中持续电流异常减小时，也应进行本项目
3	放电计数器检查	如果已有基准周期以上未检查，有停电机会时进行本项目	功能正常	检查完毕应记录当前基数。若装有电流表，应同时校验电流表，校验结果应符合设备技术文件要求

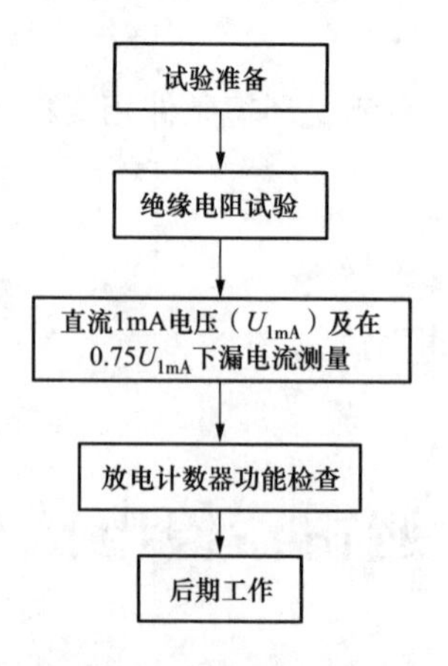

图 7－6　避雷器停电试验流程图

一、 试验准备

1. 技术资料准备

开展避雷器停电试验前根据标准报告格式要求编制试验报告，按试验需求准备相应的技术资料，如厂家技术说明书、交接试验报告、上次例行试验报告等。

2. 试验仪器准备

按实际需求配备齐全各类仪器仪表，经检查应完好合格，试验仪器必须具备有效的检定合格证书。试验仪器配备见表7－2。

表7－2　　试验仪器配备表

序号	仪器设备及工器具	准确级	规格	数量
1	绝缘电阻表	5.0级	2500V	1台
2	高压直流发生器	1.5级	250kV、3mA	1套
3	直流微安表	0.5级	0～3mA	2只
4	放电计数器测试仪	—	—	1台
5	闸刀箱	—	—	1个
6	工具箱	—	—	1只
7	绝缘手套	—	—	1双
8	绝缘杆	—	6m或8m	2套
9	电源盘	—	—	2个
10	安全围栏	—	—	若干

3. 现场人员分工

现场试验人员不得少于3人，具体人员配置及分工见表7－3。

表7－3　　人员配备一览表

人员配备	人数	作业人员要求
工作负责人（安全监护人）	1	必须持有高压专业相关职业资格证书并经批准上岗，必须熟悉Q/GDW 1799.1的相关知识，并经考试合格
操作人	1	应身体健康、精神状态良好，必须具备必要的电气知识，掌握本专业作业技能
记录及改接线人	1	应身体健康、精神状态良好，必须具备必要的电气知识，掌握本专业作业技能

4. 现场试验范围布置

试验现场要求按照电气试验管理进行安全围栏布置，悬挂“止步，高压危险!”标示牌、“在此工作!”标示牌、“由此进出!”标示牌等。试验操作人员应站在绝缘垫上进行操作。试验时，所有人员应与带电部位保持安全规定的距离。现场试验布置图如图7－7所示。

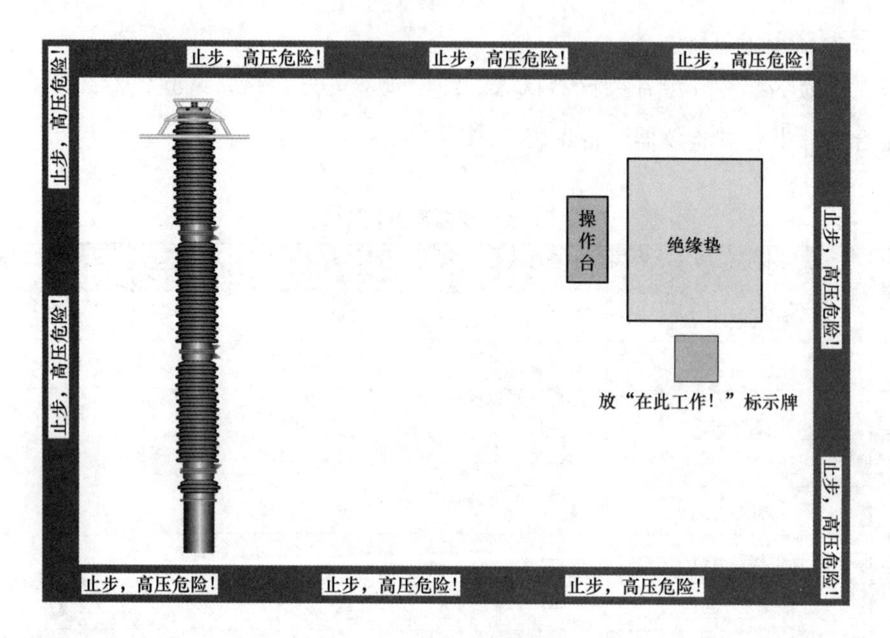

图7－7　现场试验布置图

二、绝缘电阻试验

1. 试验的目的及意义

避雷器绝缘电阻包括本体绝缘电阻和底座绝缘电阻，主要目的在于初步检查避雷器内部是否受潮；有并联电阻者可检查其通、断、接触和老化等情况。

2. 试验方法及接线

本体绝缘电阻试验接线图如图7－8所示，底座绝缘电阻试验接线图如图7－9所示。

试验步骤：

（1）记录试验现场的环境温度、湿度。

（2）对被试设备充分放电并可靠接地。

（3）检查绝缘电阻表是否正常，被测一节的避雷器一端法兰接绝缘电阻表L端，另一端法兰接地，绝缘电阻表E端可靠接地，选择2500V绝缘电阻表测量。

（4）接线完成后经检查确认无误，绝缘电阻表到达额定输出电压后，待读数稳定或60s时，读取绝缘电阻值。

（5）记录试验数据，结果应符合规程要求。

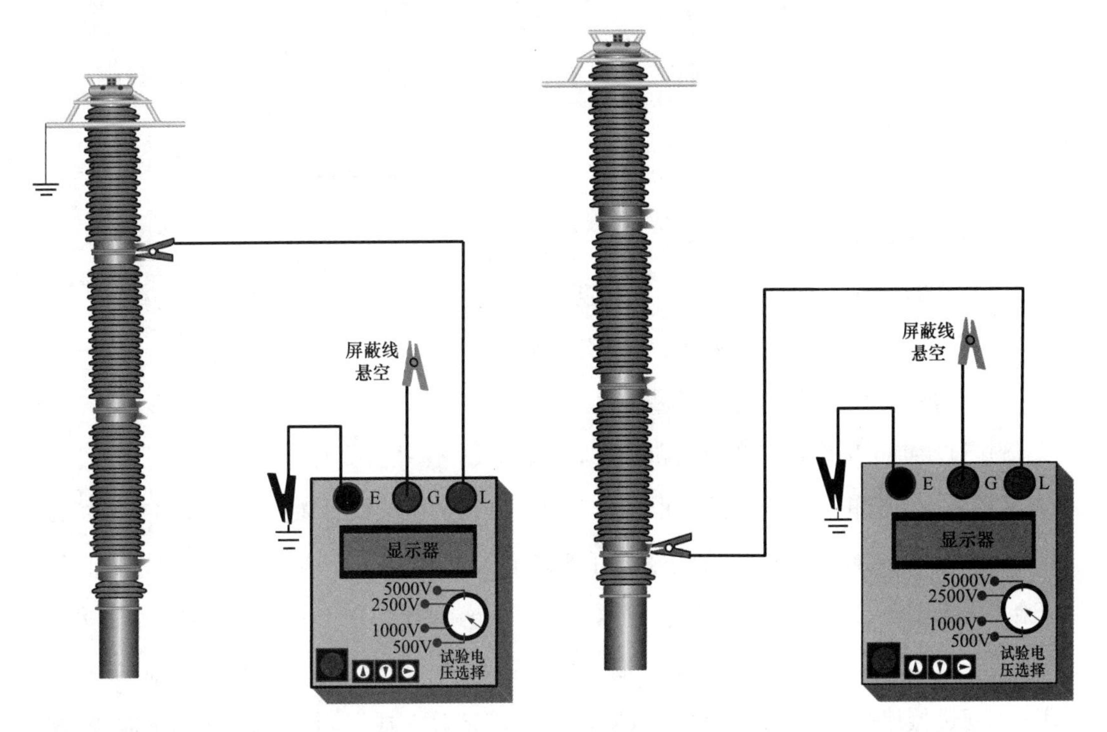

图7－8　本体绝缘电阻试验接线图

图7－9　底座绝缘电阻试验接线图

三、直流1mA电压（U_{1mA}）及0.75U_{1mA}下漏电流测量

1. 试验的目的及意义

金属氧化锌避雷器阀片的非线性关系如图7－10所示，阀片的电阻值和通过的电流有关，在运行电压U_1下，阀片相当于一个很高的电阻，阀片中流过很小的电流I_1；而当雷电流I_2流过时，它又相当于很小的电阻维持以适当的残压U_2，测量直流1 mA电压（U_{1mA}）及0.75U_{1mA}下漏电流就是为了检查其非线性特性及绝缘性能。

试验的目的是检查避雷器本体是否受潮、劣化、断裂，以及在同相各元件的α系数是否相配；对无串联间隙的金属氧化物避雷器则要求测量直流1mA下的电压及75%该电压下的泄漏电流。

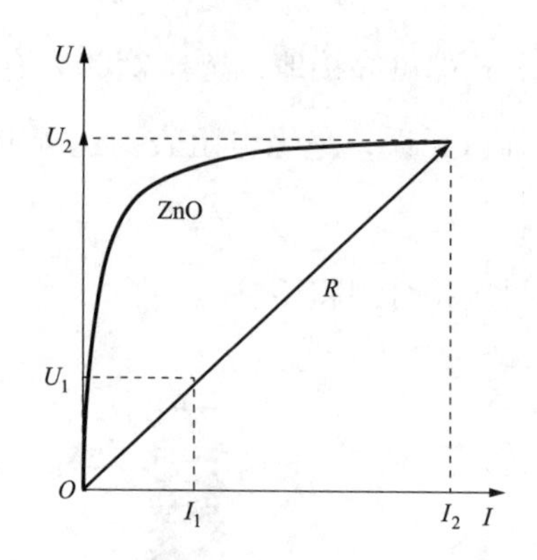

图7－10　金属氧化锌避雷器阀片的非线性关系

2. 试验方法及接线

（1）500kV 避雷器（不拆头）。试验步骤：

1）记录试验现场的环境温度、湿度。

2）对被试设备充分放电后可靠接地。

3）试验前正确设置安全围栏和悬挂标示牌。

4）做上节避雷器直流试验，根据图 7－11 进行试验接线，微安表的一端夹子接在上节避雷器的下端，另一端安装在高压直流发生器的电压输出端；做中节避雷器直流试验，根据图7－12 进行试验接线，微安表 1 的一端夹子接在上节避雷器的下端，另一端安装在高压直流发生器的电压输出端，微安表 2 的一端夹子接在中节避雷器的下端，另一端通过接地线可靠接地；做下节避雷器直流试验，根据图 7－13 进行试验接线，微安表 1 的一端夹子接在下节避雷器的上端，另一端安装在高压直流发生器的电压输出端，微安表 2 的一端夹子接在下节避雷器的下端，另一端通过接地线可靠接地。

5）被试品试验接线并检查确认接线正确，要求操作人员站在绝缘垫上，得到工作负责人同意后方可开始加压试验，试验过程要大声呼唱。

6）进行上节避雷器直流试验时，缓慢升高电压，当微安表读数为 1mA 时，读取并记录所施加的直流电压值。按下仪器面板“0.75U_{1mA}”按钮，读取并记录 0.75 倍 U_{1mA}下微安表电流值。

7）进行中节避雷器直流试验时，缓慢升高电压，当微安表 2 读数为 1mA 时，读取并记录所施加的直流电压值。按下仪器面板“0.75U_{1mA}”按钮，读取并记录 0.75 倍 U_{1mA}下微安表电流值。

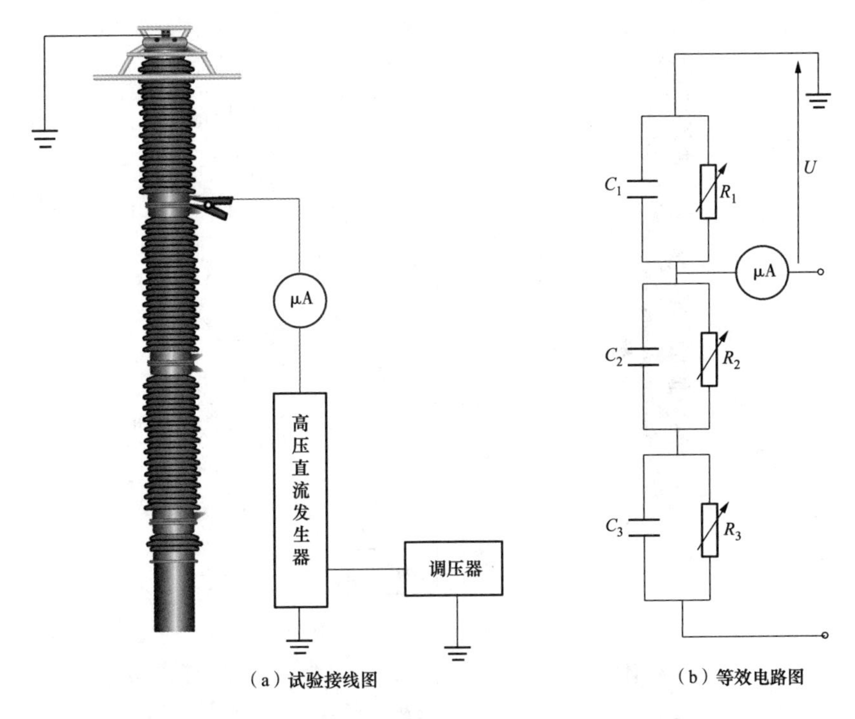

（a）试验接线图　　（b）等效电路图

图 7－11　上节避雷器直流试验接线及等效电路图

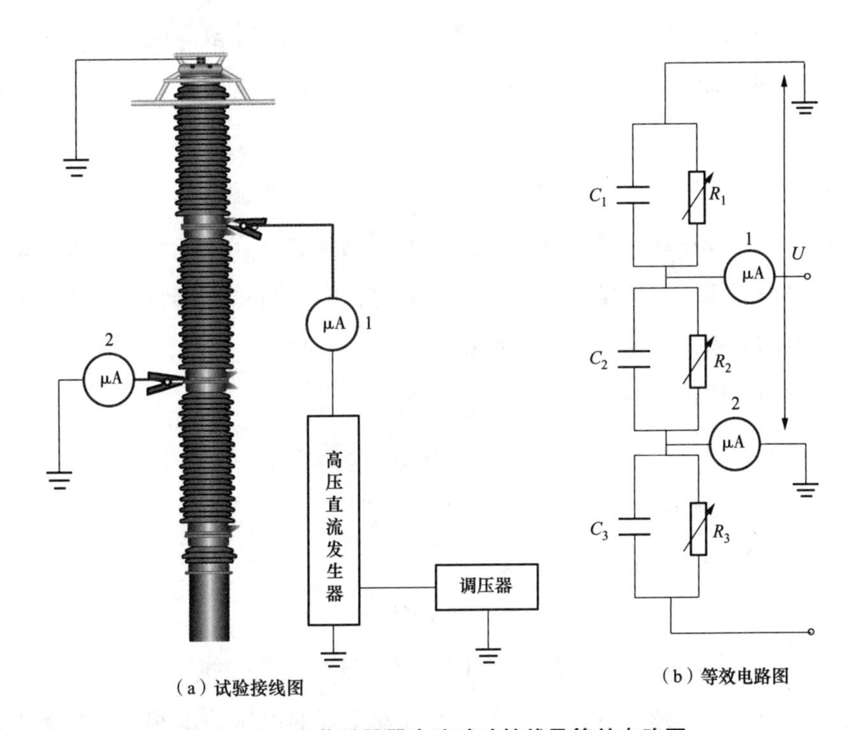

（a）试验接线图　　（b）等效电路图

图 7－12　中节避雷器直流试验接线及等效电路图

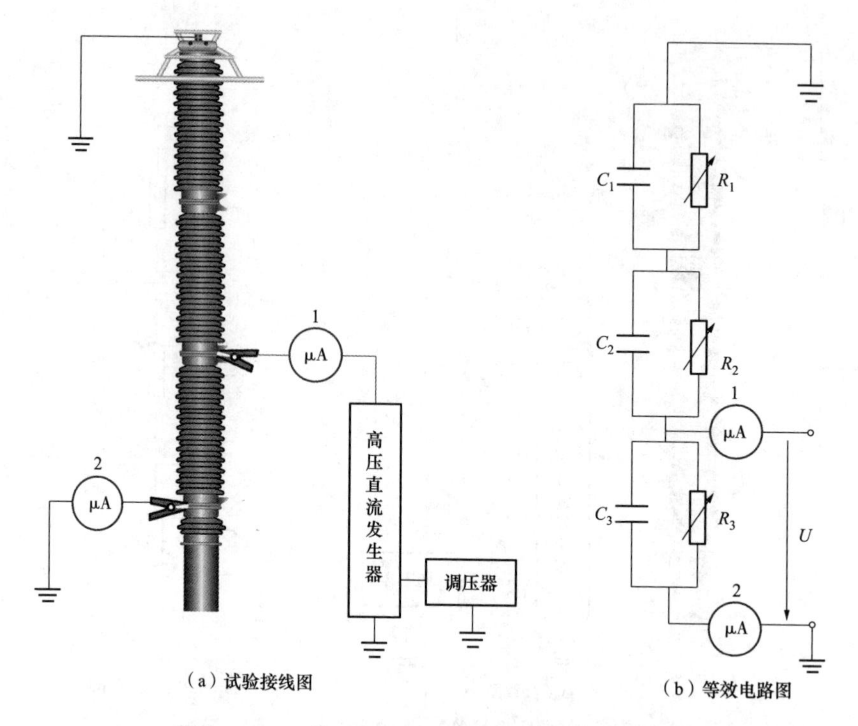

图 7-13 下节避雷器直流试验接线及等效电路图

8）进行下节避雷器直流试验时，缓慢升高电压，当微安表2读数为1mA时，读取并记录所施加的直流电压值。按下仪器面板“$0.75U_{1mA}$”按钮，读取并记录0.75倍U_{1mA}下微安表电流值。

9）数据记录完整后，缓慢将电压降为零，断开试验电源。

10）试验后，采用放电棒对直流发生器进行充分放电，应先对微安表上部进行放电，再对微安表下部及直流发生器外壳进行放电，随后对被试避雷器、相邻相避雷器及同一检修范围的相邻容性设备充分放电，方可拆除试验线。

11）对试验数据进行分析判断，得出结论。

（2）220kV及以下避雷器（需拆线）。试验步骤：

1）记录试验现场的环境温度、湿度。

2）对被试设备充分放电后可靠接地。

3）试验前正确设置安全围栏和悬挂标示牌。

4）做上节避雷器直流试验时，根据图7-14进行试验接线，微安表的一端夹子接在上节避雷器的下端，另一端安装在高压直流发生器的电压输出端，上节避雷器底部采用接地线可靠接地；做下节避雷器直流试验时，根据图7-15进行试验接线，微安表的一端夹子接在下节避雷器的上端，另一端安装在高压直流发生器的电压输出端，下节避雷器底部采用接地线可靠接地。

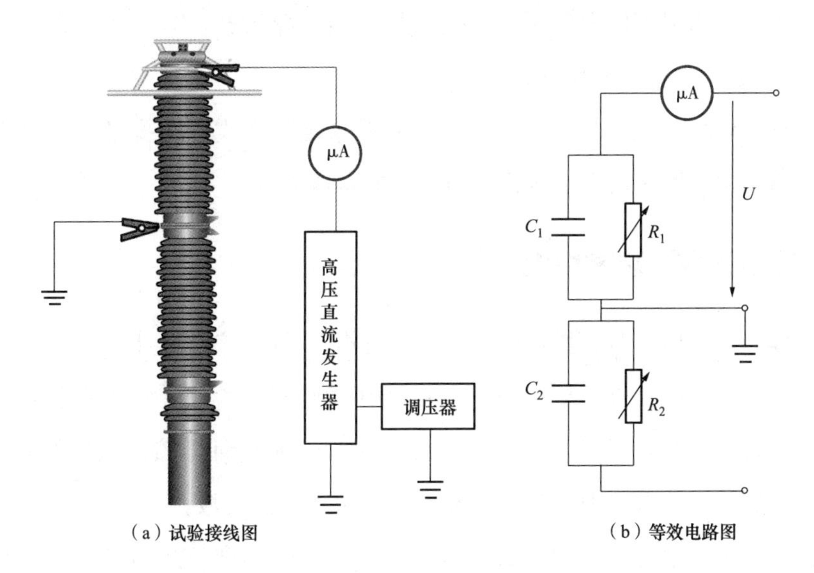

（a）试验接线图　　（b）等效电路图

图 7－14　上节避雷器直流试验接线及等效电路图

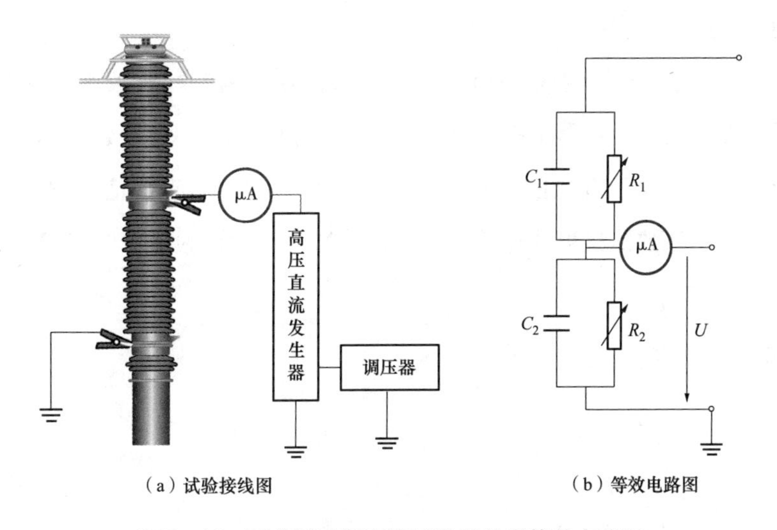

（a）试验接线图　　（b）等效电路图

图 7－15　下节避雷器直流试验接线及等效电路图

5）被试品试验接线并检查确认接线正确，要求操作人员站在绝缘垫上，得到工作负责人同意后方可开始加压试验，试验过程要大声呼唱。

6）试验时，缓慢升高电压，当微安表读数为 1mA 时，读取并记录所施加的直流电压值。按下仪器面板“$0.75U_{1mA}$”按钮，读取并记录 0.75 倍 U_{1mA} 下微安表电流值。

7）数据记录完整后，缓慢将电压降为零，断开试验电源。

8）试验后，采用放电棒对直流发生器进行充分放电，应先对微安表上部进行放电，再对微安表下部及直流发生器外壳进行放电，随后对被试避雷器、相邻相避雷器及同一检修范围的相邻容性设备充分放电，方可拆除试验线。

9）对试验数据进行分析判断，得出结论。

备注：220kV 避雷器及以下等级避雷器需拆除接头试验，试验接线图以 220kV 避雷器为例，单节避雷器采用下节避雷器直流试验接线方法。

四、 放电计数器功能检查

放电计数器外观检查时，指针应不歪曲，且指在“0”刻度线上。

对放电计数器的刻度进行校验时，避雷器在线监测校验仪红线夹在放电计数器上端，黑线夹在放电计数器下端（接地端），缓慢地调节放电计数器测试仪的旋钮，记录标准表读数与被检表读数，电流值上升和下降都必须进行校验。

按照公式 $\Delta=$（被检表读数 - 标准表读数）/量程 $\times 100\%$ 进行计算，找出所记数据中的最大差值作为该放电计数器电流表的最大基本误差，小于它的基本误差既为合格，反之则为超差，不合格。

进行放电计数器动作计数器的检查时，避雷器在线监测校验仪红线夹在放电计数器上端，黑线夹在放电计数器下端（接地端），拨码开关打到所需要的计数次数，对被检放电计数器进行不少于五次的放电试验，动作计数器应转动灵活，跳字正确，无卡涩。同一间隔三相计数器尽可能保持在相同的读数，并在试验报告中明确体现。

Chapter Eight | 第八章

GIS设备停电试验

第一节　GIS 设备概述

气体绝缘金属封闭开关设备（gas insulated switchgear，GIS），是以罐式断路器为核心元件，将（罐式）隔离开关/接地开关、电流互感器、电压互感器（需要配置时）、避雷器（需要配置时）、管道式封闭母线、进出线套管（或电缆出线装置）等电器元件按一定接线方式集成为一体的高压组合电器。GIS 设备的金属外壳密封并接地，壳内充以一定压力的 SF_6 气体作为绝缘和灭弧介质。与传统的敞开式设备相比，GIS 设备具有结构紧凑、占地面积少、易于安装、受外界环境影响小、配置灵活、运行可靠性及稳定性高等显著优点。

GIS 设备按结构可分为五种类型：

（1）单相封闭型（分箱式结构）：GIS 的主回路分相装在独立的金属圆筒形外壳内，由环氧树脂浇注的绝缘子支撑，内充 SF_6 气体。分箱式 GIS 制造相对简单，不会发生相间故障。目前 500kV 及以上电压等级的 GIS 都为分箱式结构。

（2）三相封闭型（三相共筒式或共箱式）：GIS 每个元件的三相集中安装于一个金属圆筒形外壳内，用环氧树脂浇注件支撑和隔离，外壳数量少，三相整体外形尺寸小，密封环节少。但相间相互影响较大，有发生相间绝缘故障的可能，目前只在 72.5kV/126kV GIS 实现了三相共筒式结构。

（3）主母线三相共箱，其余元件分箱：仅三相主母线共用一个外壳，利用绝缘子将三相母线支撑在金属圆筒外壳内，其他元件均为分箱结构，可以缩小 GIS 占地面积，结构相对简单。目前，252kV GIS 大多采用主母线共箱，其他元件分箱式结构。

（4）功能和/或结构复合型式：这类型式的 GIS 多体现在隔离开关和接地开关元件上，如在 252kV 及以下电压等级 GIS，设计有三工位隔离/接地组合开关，可实现隔离开关合位置—隔离/接地开关分位置—接地开关合位置的转换和闭锁。在 550kV 及以上电压等级 GIS 中，隔离开关与接地开关采用共体结构设计，即将隔离开关和接地开关元件安装在一个金属圆筒外壳内，隔离开关和接地开共用一个静触头，分别由各自的电动机操动机构驱动分合闸操作，如图 8 - 1 所示。

（5）复合绝缘型式，即复合式高压组合电器（HGIS）：HGIS 是按间隔主接线方式，将所组成的元件，如断路器、隔离开关、接地开关、电流互感器等集成为一体，组成单相的 SF_6 气体绝缘金属封闭式高压组合电器，采用进出线套管分别与架空母线或线路相连接，相间为空气绝缘。

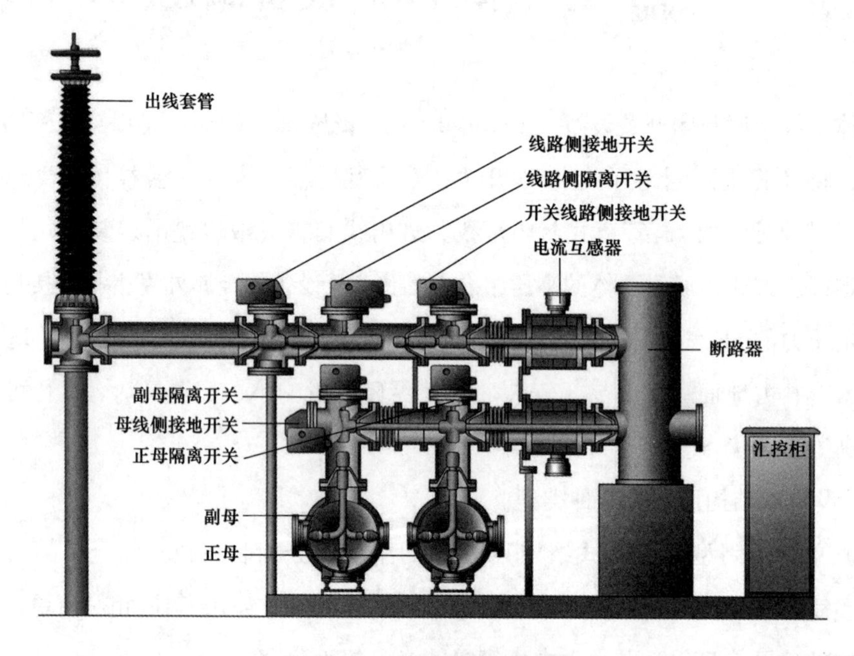

图 8 - 1　GIS 设备结构示图

第二节　GIS 设备停电试验要求

一、 人员要求

（1）熟悉现场安全作业要求，能够严格遵守电力生产和工作现场相关管理规定，并经 Q/GDW 1799.1《国家电网公司电力安全工作规程　变电部分》考试合格。

（2）身体状况和精神状态良好，未出现疲劳困乏或情绪异常。

（3）了解现场试验条件，熟悉高处作业的安全措施。

（4）了解 GIS 设备结构特点、工作原理、运行状况和设备典型故障的基础知识。

（5）试验负责人应熟悉 GIS 设备停电试验的相关项目、试验方法、诊断方法、缺陷定性方法、相关规程标准要求，熟悉各种影响试验结果的因素及消除方法。

（6）试验人员应具备必要的电气知识和高压试验技能，熟悉相关试验仪器的原理、结构、用途及其正确使用方法。

（7）高压试验工作不得少于两人；试验负责人应由有经验的人员担任。

二、 安全要求

（1）严格执行 Q/GDW 1799.1《国家电网公司电力安全工作规程　变电部分》中的相关规定。

（2）严格执行保证安全的组织措施和技术措施的规定。

（3）正确使用合格的劳动保护用品。

（4）试验负责人应根据 GIS 设备停电试验的特点，做好危险点的分析和预想，并提出相应的预防措施。

（5）试验前应针对相关停电试验项目准备工作票和标准作业卡，试验负责人应对全体试验人员详细交代试验中的安全注意事项，并有书面记录。

（6）试验前应装设专用遮栏或围栏，并向外悬挂“止步，高压危险!”标示牌，必要时应派专人监护，监护人在试验期间应始终履行监护职责，不得擅自离开现场或兼任其他工作。

（7）上下 GIS 设备时，作业人员应系好安全带，做好防滑措施，使用便携工具包，严禁上下抛掷工具。

（8）被试设备的金属外壳应可靠接地；高压引线应尽量缩短，必要时用绝缘物固定牢固。

（9）接取试验电源时，应两人进行，一人监护，一人操作。

（10）试验前后应对被试设备进行充分放电并接地，避免剩余电荷或感应电荷伤人、损坏试验仪器。

（11）加压前必须认真检查试验接线，确认接线无误后，通知有关人员离开被试设备，并取得试验负责人的许可后方可开始加压，加压过程应有人监护并呼唱。

（12）试验过程中，试验人员应保持精力集中，发生异常情况时应立即断开电源，待查明原因后方可继续进行试验。

（13）做 SF_6 气体湿度试验时，废气管应放在下风口或引到电缆沟内；试验结束后，应注意检查接头是否漏气、气室压力是否正常。

三、 环境要求

除非另有规定，否则试验应在满足环境条件相对稳定且符合以下条件时进行。

（1）环境温度不宜低于5℃。

（2）环境相对湿度不宜大于80%。

（3）户外试验应在良好的天气进行。

（4）现场区域满足试验安全距离要求。

（5）禁止在有雷电或邻近高压设备时使用绝缘电阻表，以免发生危险。

第三节 GIS设备停电试验项目及方法

根据Q/GDW 1168—2013《输变电设备状态检修试验规程》要求，GIS设备停电试验项目主要包括电压互感器二次绕组绝缘电阻试验、电流互感器二次绕组绝缘电阻试验、GIS主回路电阻测量、GIS断路器试验和SF_6气体湿度测量，相应试验要求见表8－1，具体流程如图8－2所示。

表8－1 设备停电试验要求

序号	试验项目	基准周期	试验标准	说明
1	电压互感器二次绕组绝缘电阻	110（66）kV及以上：3年	二次绕组：≥10MΩ	采用1000V绝缘电阻表测量。测量时非被测绕组应接地。同等或相近测量条件下，绝缘电阻应无显著降低
2	电流互感器二次绕组绝缘电阻	—	与初值比较，应无明显差别	二次电流异常，或有二次绕组方面的家族缺陷时，应测量二次绕组电阻，分析时应考虑温度的影响
3	主回路电阻	110（66）kV及以上：3年	≤制造商规定值（注意值）	若GIS母线较长、间隔较多，宜分段测量。 测量电流可取100A到额定电流之间的任一值。 自上次试验之后又有100次以上分、合闸操作，也应进行本项目

续表

序号	试验项目	基准周期	试验标准	说明
4	断路器试验	110（66）kV及以上：3年	分、合闸线圈电阻检测应符合设备技术文件要求，若无明确要求，初值差不超过±5%	—
			并联合闸脱扣器在额定电压85%～110%应可靠动作；并联分闸脱扣器在额定电压65%～110%（直流）或85%～110%（交流）应可靠动作；电源电压低于额定电压30%时，脱扣器不应脱扣	
			相间合闸不同期不大于5ms，相间分闸不同期不大于3ms，同相各断口合闸不同期不大于3ms，同相分闸不同期不大于2ms	
5	SF_6气体湿度检测	3年	（1）有电弧分解物隔室。 1）新充气后：≤150μL/L； 2）运行中：≤300μL/L（注意值）。 （2）无电弧分解物隔室。 1）新充气后：≤250μL/L； 2）运行中：≤500μL/L（注意值）	—

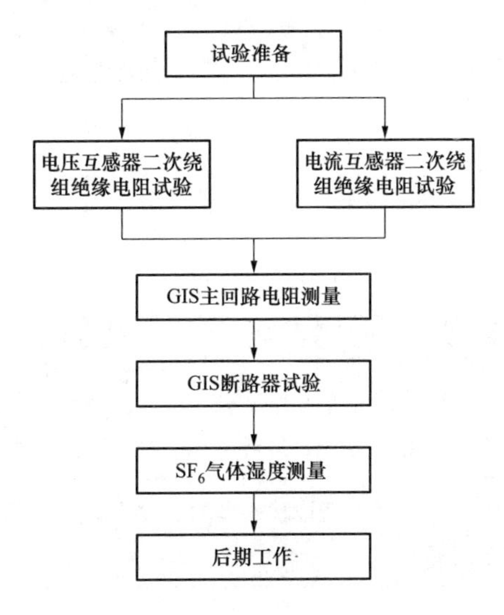

图8－2　GIS设备停电试验流程图

一、 试验准备

1. 技术资料准备

开展GIS设备停电试验前根据标准报告格式要求编制试验报告，按试验需求准备相应的技术资料，如设备的缺陷情况、需要整改的反事故措施情况、厂家技术说明书、出厂试验报告、交接试验报告、技术协议等。

2. 试验仪器准备

按实际需求配备齐全各类仪器仪表，经检查应完好合格，试验仪器必须具备有效的检定合格证书。试验仪器清单见表8－2。

表8－2 试验仪器清单

序号	仪器设备及工器具	准确级	规格	数量
1	数字万用表	1.0级	AC/DC 0～750V	1只
2	绝缘电阻测试仪	5.0级	2500V/5000V，5mA，大于10000MΩ	1台
3	回路电阻测试仪	0.5级	输出电流≥100A	1台
4	高压断路器测试仪	1.0级	4通道，输出10A，电压：0～200mV	1台
5	微水仪	±0.2℃	—	1台
6	温湿度计	±1℃	－5～50℃	1只
7	直流电源	—	DC：0～220V	1只
8	电源盘	—	220V	2个
9	工具箱	—	—	1个
10	绝缘垫	—	—	1块

3. 现场人员分工

现场试验人员不得少于4人，具体人员配置及分工见表8－3。

表8－3 人员配备一览表

人员配备	人数	作业人员要求
工作负责人（安全监护人）	1	必须持有高压专业相关职业资格证书并经批准上岗，必须熟悉Q/GDW 1799.1的相关知识，并经考试合格
操作人	1	应身体健康、精神状态良好，必须具备必要的电气知识，掌握本专业作业技能

续表

人员配备	人数	作业人员要求
记录及改接线人	2	应身体健康、精神状态良好，必须具备必要的电气知识，掌握本专业作业技能

4. 现场试验范围布置

试验开始前应对被试设备的状态、现场情况有清晰的认识；现场应按照相关要求布置安全围栏，悬挂“止步，高压危险!”标示牌、“在此工作!”标示牌、“由此进出!”标示牌等。试验操作人员应站在绝缘垫上进行操作。试验时，所有人员应与带电部位保持安全规定的距离。现场试验布置图如图 8－3 所示。

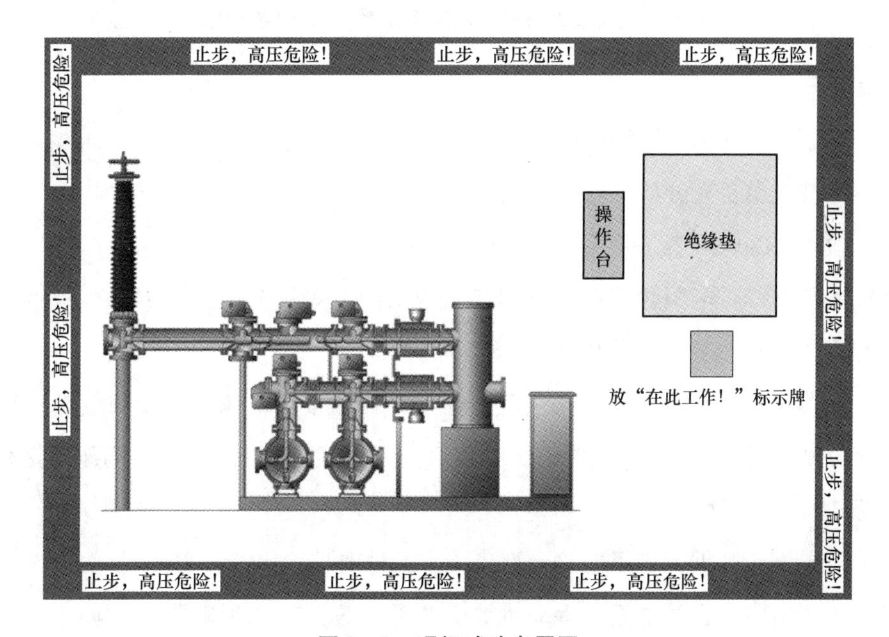

图 8－3　现场试验布置图

二、 电压互感器二次绕组绝缘电阻试验

1. 试验目的及意义

电压互感器二次绕组绝缘电阻试验的主要目的是判断二次绕组间及对地的绝缘状况，及时发现绕组绝缘整体受潮、脏污以及绝缘击穿和严重过热老化等缺陷。

2. 试验方法及接线

电压互感器二次绕组绝缘电阻试验接线如图 8－4 所示。

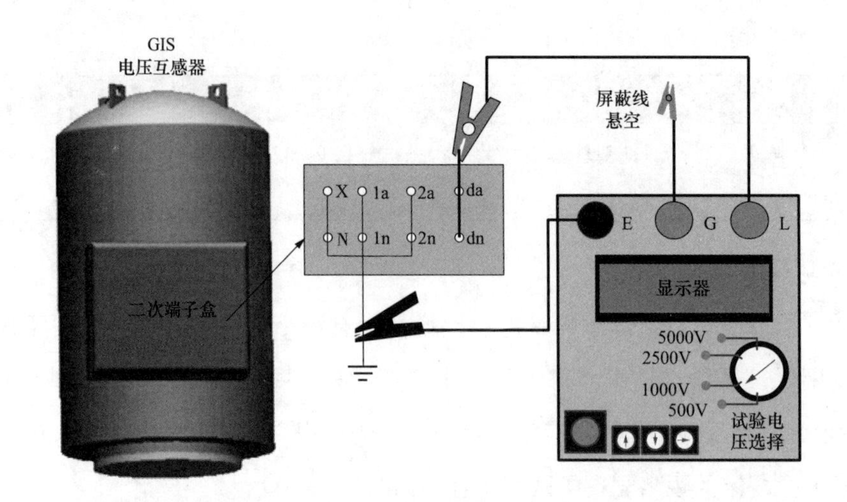

图 8-4 电压互感器二次绕组绝缘电阻试验接线图

试验步骤：

（1）记录试验现场的环境温度、湿度。

（2）对被试设备充分放电后可靠接地。

（3）检查绝缘电阻表是否正常，并选择 1000V 测量电压挡位。

（4）用裸铜线将电压互感器非被测二次绕组两端短接接地，被测二次绕组两端短接并接绝缘电阻表 L 端，绝缘电阻表 E 端可靠接地。

（5）接线完成并经检查确认无误后，开始进行测量，绝缘电阻表到达额定输出电压后，待读数稳定或 60s 时，读取绝缘电阻值。断开接至被测二次绕组高压连接线，然后将绝缘电阻表停止工作。

（6）记录试验数据，结果应符合设备技术文件要求。

（7）绝缘电阻表自放电后，手动对被试电压互感器二次绕组进行放电。

（8）更改接线，对其他二次绕组进行绝缘电阻试验。

（9）拆除试验接线，恢复电压互感器二次绕组接线，整理现场。

三、电流互感器二次绕组绝缘电阻试验

1. 试验目的及意义

电流互感器二次绕组绝缘电阻试验的主要目的是判断二次绕组间及对地的绝缘状况，及时发现绕组绝缘整体受潮、脏污以及绝缘击穿和严重过热老化等缺陷。

2. 试验方法及接线

电流互感器二次绕组绝缘电阻试验接线如图 8-5 所示。

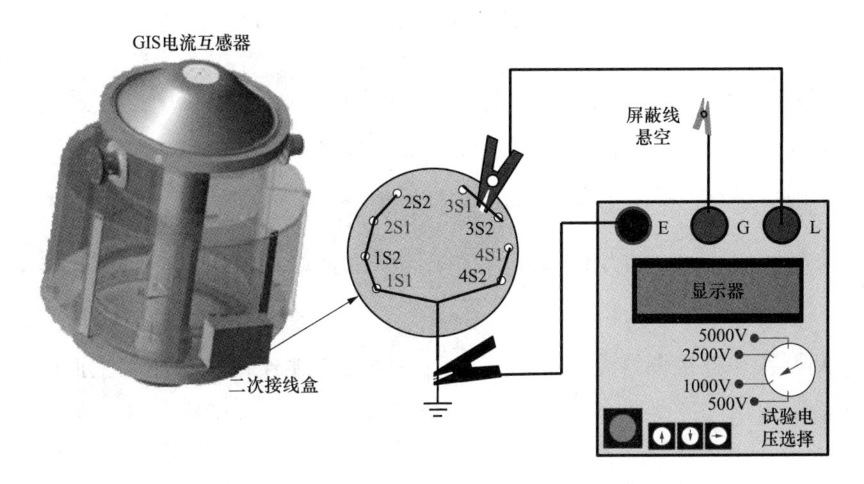

图 8－5　电流互感器二次绕组绝缘电阻试验接线图

试验步骤：

（1）记录试验现场的环境温度、湿度。

（2）对被试设备充分放电后可靠接地。

（3）检查绝缘电阻表是否正常，并选择 1000V 测量电压挡位。

（4）用裸铜线将电流互感器非被测二次绕组两端短接接地，被测二次绕组两端短接并接绝缘电阻表 L 端，绝缘电阻表 E 端可靠接地。

（5）接线完成后经检查确认无误后，开始进行测量，绝缘电阻表到达额定输出电压后，待读数稳定或 60s 时，读取绝缘电阻值。断开接至被测二次绕组连接线，然后将绝缘电阻表停止工作。

（6）记录试验数据，结果应符合设备技术文件要求。

（7）绝缘电阻表自放电后，手动对被试电流互感器二次绕组进行放电。

（8）更改接线，对其他二次绕组进行绝缘电阻试验。

（9）拆除试验接线，恢复电流互感器二次绕组接线，整理现场。

四、 GIS 主回路电阻测量

1. 试验目的及意义

主回路电阻主要包括导电杆电阻、导电杆与触头连接处电阻、动静触头之间的接触电阻等，试验的主要目的是有效发现接触电阻增大、触头接触不良等缺陷，避免因接触电阻增大或接触不良导致在通过正常运行工作电流和短路电流时发生过热而烧伤周围绝缘或烧蚀接触触头，影响 GIS 设备正常安全稳定运行。

2. 试验方法及接线

GIS设备除了套管出线外，没有裸露敞开的导电部分，给主回路电阻测量造成一定的困难，现场进行GIS主回路电阻测量时，需要根据GIS设备的实际结构条件，采用相应的方法进行测量。根据GIS设备接地开关导电杆与外壳的电气连接是否可以断开，一般有两个测试方法：①断开接地连接铜排测量主回路电阻；②利用接地开关测量主回路电阻。

（1）断开接地连接铜排测量主回路电阻。断开接地连接铜排测量主回路电阻试验接线图如图8－6所示。

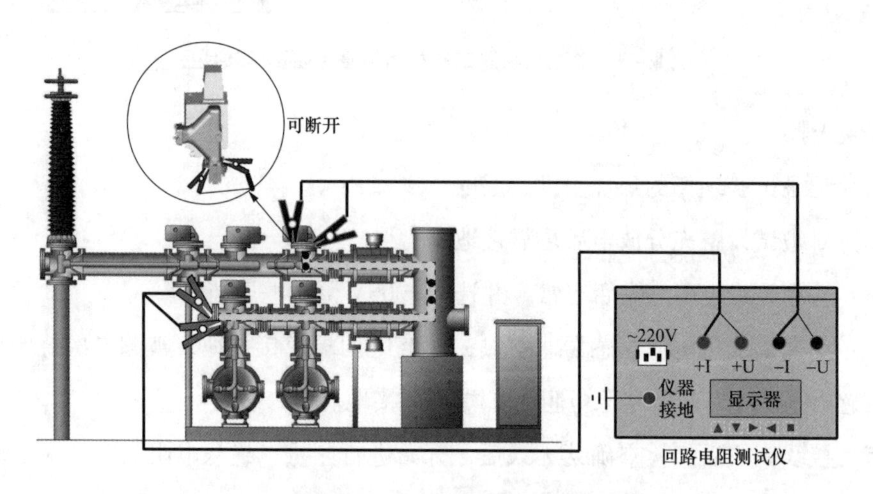

图8－6　断开接地连接铜排测量主回路电阻试验接线图

（注：图中虚线回路即为测试主回路）

试验步骤：

1）记录试验现场的环境温度、湿度。

2）对被试设备充分放电后可靠接地。

3）检查回路电阻测试仪是否正常。

4）检查被测回路状态，若被测回路中断路器、隔离开关、接地开关处于分闸状态，需电动将断路器、隔离开关、接地开关合闸，并使之保持合闸状态。

5）将回路电阻测试仪可靠接地，红色测试线非夹子端两根线分别接到回路电阻测试仪的＋U（细线）、＋I（粗线）端子，黑色测试线非夹子端两根线分别接到－U（细线）、－I（粗线）端子。

6）将接地开关接地铜排断开，并分别将回路电阻测试仪红色、黑色测试线的夹子夹于被测回路上的两个接地开关接地铜排断开处。

7）接线完成后经检查确认无误，操作回路电阻测试仪选择合适参数，开始加压测试。

8）读取并记录主回路电阻值 R_0。

9）按下复归按钮，仪器放电。

10）对测试的试验数据进行分析判断，得出结论。

11）拆除试验接线，恢复 GIS 设备原始状态，整理现场。

（2）利用接地开关测量主回路电阻。利用接地开关测量主回路电阻试验接线图如图 8－7 和图 8－8 所示。

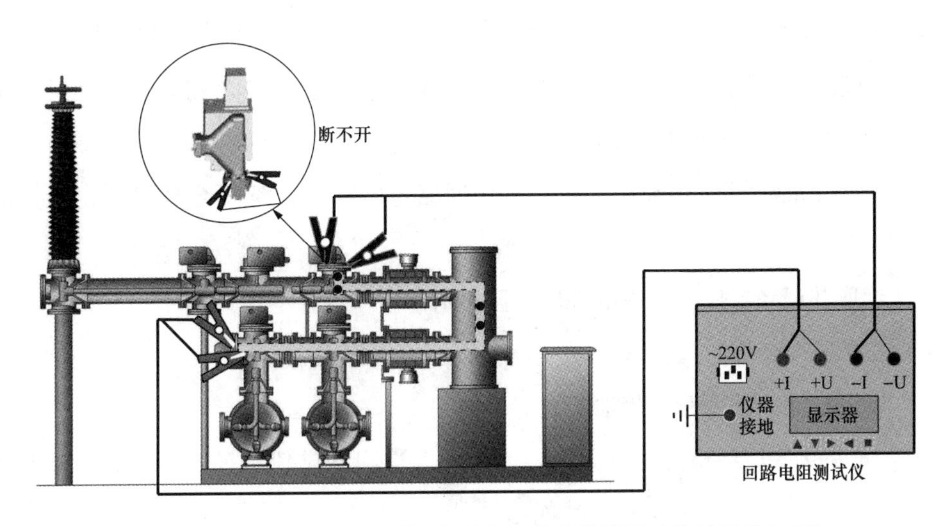

图 8－7　利用接地开关测量主回路电阻试验接线图（接地开关合闸）

（注：图中虚线回路即为测试主回路）

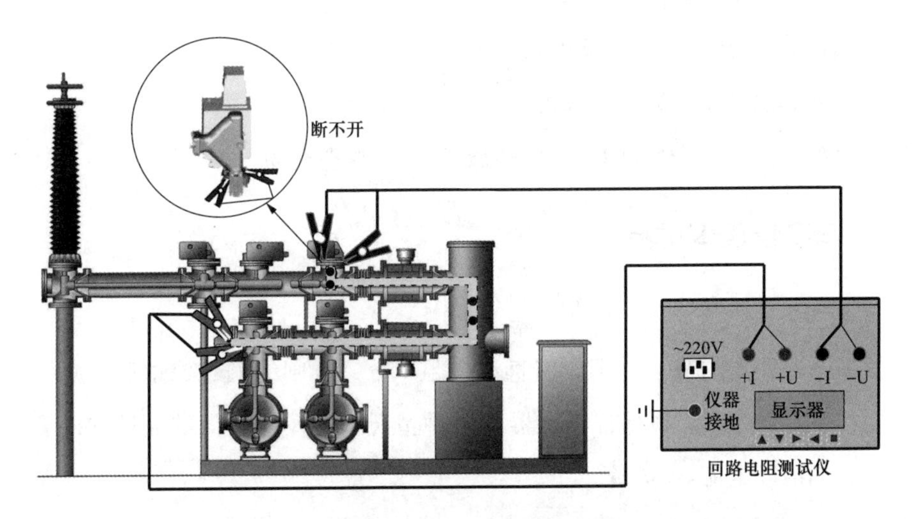

图 8－8　利用接地开关测量主回路电阻试验接线图（接地开关分闸）

（注：图中虚线回路即为测试主回路）

试验步骤：

1）记录试验现场的环境温度、湿度。

2）对被试设备充分放电后可靠接地。

3）检查回路电阻测试仪是否正常。

4）检查被测回路状态，若被测回路中断路器、隔离开关、接地开关处于分闸状态，需电动将断路器、隔离开关、接地开关合闸，并使之保持合闸状态。

5）将回路电阻测试仪可靠接地，红色测试线非夹子端两根线分别接到回路电阻测试仪的+U（细线）、+I（粗线）端子，黑色测试线非夹子端两根线分别接到-U（细线）、-I（粗线）端子；然后分别将回路电阻测试仪红色、黑色测试线的夹子夹于被测回路上的两个接地开关导电杆处。

6）接线完成后经检查确认无误，操作回路电阻测试仪选择合适参数，开始加压测试。

7）读取并记录导体与外壳的并联电阻值 R_0。

8）按下复归按钮，仪器放电。

9）断开被测回路两侧的接地开关。

10）重新接线后经检查确认无误，操作回路电阻测试仪选择合适参数，开始加压测试。

11）读取并记录外壳电阻值 R_1。

12）按下复归按钮，仪器放电。

13）根据 R_0 与 R_1 计算主回路电阻值 R。

14）对测试的试验数据进行分析判断，得出结论。

15）拆除试验接线，恢复 GIS 设备原始状态，整理现场。

五、GIS 断路器试验

1. 试验目的及意义

检查 GIS 断路器的分、合闸线圈直流电阻、分、合闸线圈绝缘电阻、分、合闸线圈动作电压和动作特性，以保证断路器在各种情况下能及时有效的断开和闭合正常工作电流、开断故障电流。

2. 试验方法及接线

（1）分、合闸线圈直流电阻测试。对于 GIS 断路器来说，分、合闸线圈是用于控制断路器分合闸状态重要控制元件。断路器停电检修时，可以通过测试分、合闸线圈的直流电阻来判断其是否在正常状态。测试分、合闸线圈的直流电阻可以通过万用表（欧姆挡）进行，如图8－9所示。

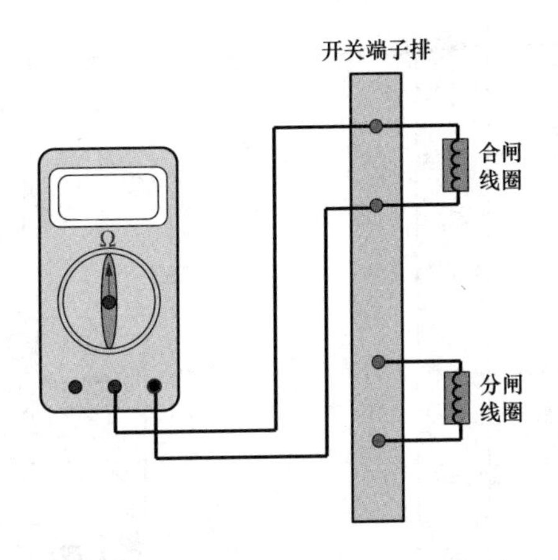

图8－9　断路器分、合闸线圈直流电阻试验接线图

试验步骤：

1）记录试验现场的环境温度、湿度。

2）检查万用表是否正常。

3）检查断路器二次回路直流控制电源是否已断开，应确保直流控制电源处于断开状态。

4）确认断路器状态。测试合闸线圈的直流电阻时，断路器必须在分闸位置；测试分闸线圈的直流电阻时，断路器必须在合闸位置。

5）查阅断路器的控制回路图纸，确定开关端子排中分、合闸回路的相应节点位置。

6）在断路器处于分闸状态下，利用万用表欧姆挡对开关端子排上合闸线圈的直流电阻进行测量，并记录试验数据；在断路器处于合闸状态下，利用万用表欧姆挡对开关端子排上分闸线圈（分闸线圈1、分闸线圈2）的直流电阻进行测量，并记录试验数据。

7）对测试的试验数据进行分析判断，得出结论。

8）拆除试验接线，恢复设备原始状态，整理现场。

（2）分、合闸线圈绝缘电阻测试。对于GIS断路器来说，长期运行在室外，其分、合闸可能由于潮气的影响，导致其绝缘电阻下降；这将导致断路器的分、合闸线圈在正常工作中由于绝缘电阻的下降，导致断路器分合闸操作失败。为了保证分、合闸线圈正常工作中的对地绝缘特性，对其绝缘电阻进行测试，测试的接线如图 8－10 所示。

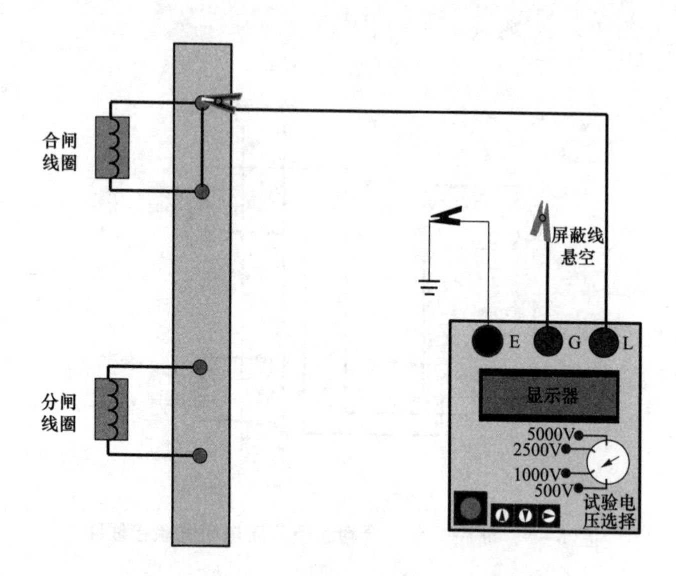

图 8－10　分、合闸线圈绝缘电阻试验接线图

试验步骤：

1）记录试验现场的环境温度、湿度。

2）检查绝缘电阻表是否正常，连接绝缘电阻表 E 端接地线，确保接线牢固可靠。

3）检查断路器二次回路直流控制电源是否已断开，应确保直流控制电源处于断开状态。

4）确认断路器状态。测试合闸线圈的绝缘电阻时，断路器必须在分闸位置；测试分闸线圈的绝缘电阻时，断路器必须在合闸位置。

5）查阅断路器的控制回路图纸，确定开关端子排中分、合闸回路的相应节点位置，并分别将其两端进行短接。

6）绝缘电阻表 L 端连接至分、合闸回路的节点位置。

7）接线完成后经检查确认无误，选用 1000V 挡位分别测试分、合闸线圈的绝缘电阻，待读数稳定或 60s 时，读取并记录绝缘电阻值。断开接至被试线圈的连接线，然后将绝缘电阻表停止工作。

8）对测试的试验数据进行分析判断，得出结论。

9）拆除试验接线，恢复设备原始状态，整理现场。

（3）分、合闸线圈动作电压测试。GIS 断路器的分、合闸线圈动作电压是保证 GIS

断路器有效进行分合闸操作的一项重要参数，其分、合闸动作电压的大小要符合相应规程的要求。分闸线圈的最低可靠动作值应在额定电压的30% ~65%，合闸线圈的最低可靠动作值应在额定电压的30% ~85%，才能保证断路器有效进行分合闸操作。测试的接线如图8－11所示。

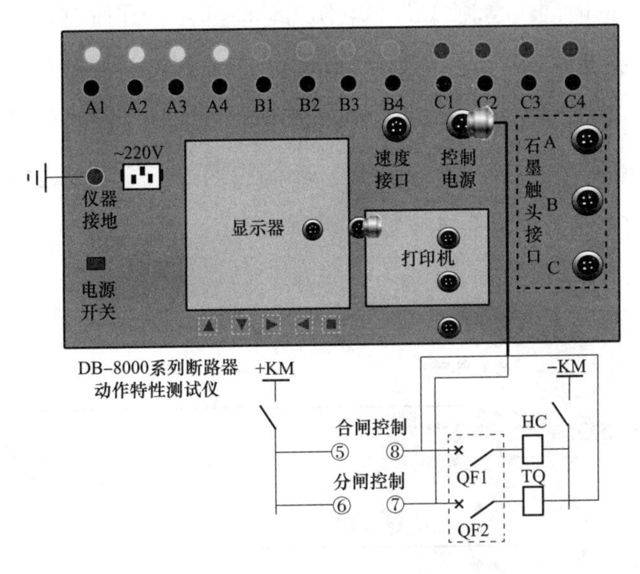

图8－11 断路器分、合闸线圈低电压试验接线图

试验步骤：

1）记录试验现场的环境温度、湿度。

2）检查断路器测试仪是否正常。

3）检查断路器二次回路直流控制电源是否已断开，应确保直流控制电源处于断开状态。

4）确认断路器状态。进行合闸线圈的低电压试验时，断路器必须在分闸位置；进行分闸线圈的低电压试验时，断路器必须在合闸位置。

5）查阅断路器的控制回路图纸，分别确定开关端子排中分、合闸线圈的节点位置。

6）将断路器测试仪可靠接地，直流电压输出线对应于分、合闸线圈进行接线。

7）接线完成后经检查确认无误，操作断路器测试仪选择合适参数。直流电源在分、合闸线圈上施加电压的时间应控制在300ms以内，避免分、合闸线圈长时间励磁。试验时，从较低电压开始缓慢升高试验电压，直至测出分、合闸线圈最低可靠动作电压，记录试验数据。

8）对测试的试验数据进行分析判断，得出结论。

9）拆除试验接线，恢复设备原始状态，整理现场。

（4）分、合闸线圈动作特性测试。GIS 断路器分、合闸线圈动作特性是指 GIS 断路器的分、合闸时间和同期性，其中合闸时间是指断路器接到合闸指令瞬间起到所有极的触头都接触瞬间的时间（合闸线圈上电作为计时起点，到所有动、静触头刚合的时间）；分闸时间是指断路器接到分闸指令瞬间起到所有极的触头都分离瞬间的时间（分闸线圈上电作为计时起点，到所有动、静触头刚分的时间）；同相同期：同相断口之中，分（合）闸时间的最大与最小之差值；相间同期：三相断口之中，分（合）闸时间的最大与最小之差值。试验接线图如图 8－12 所示。

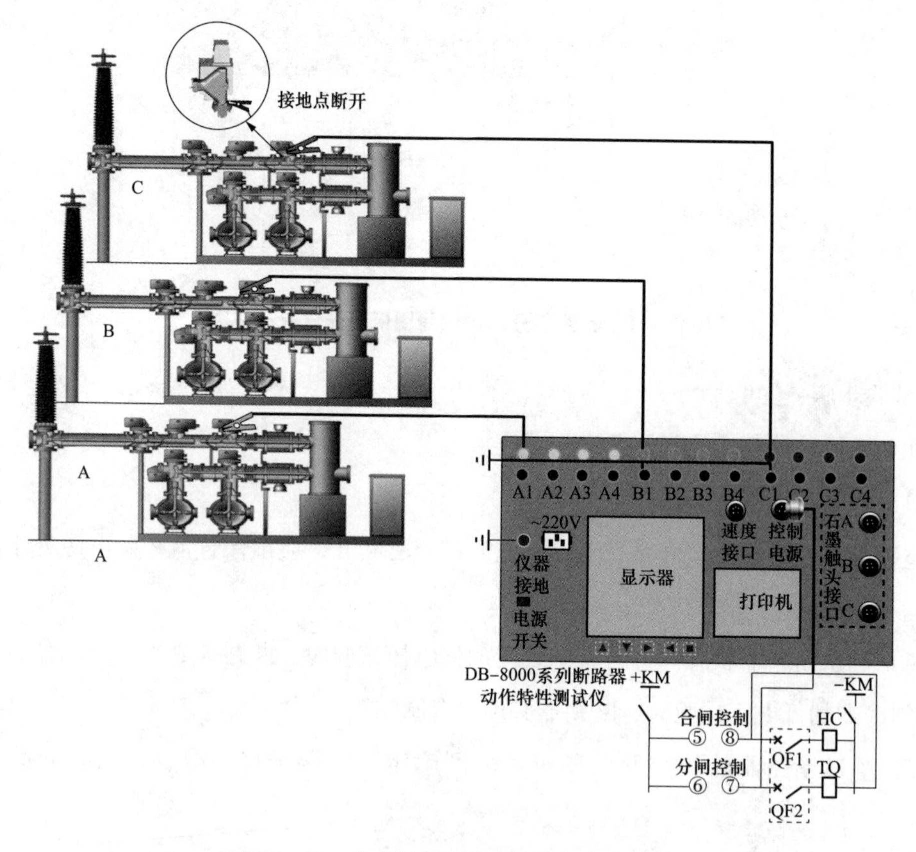

图 8－12　分合闸线圈动作特性试验接线图

试验步骤：

（1）记录试验现场的环境温度、湿度。

（2）检查断路器测试仪是否正常。

（3）检查断路器二次回路直流控制电源是否已断开，应确保直流控制电源处于断开状态。

（4）确认断路器状态。进行合闸线圈的动作特性试验时，断路器必须在分闸位置；进行分闸线圈的动作特性试验时，断路器必须在合闸位置。

（5）查阅断路器的控制回路图纸，分别确定开关端子排中分、合闸线圈的节点位置。

（6）合上被测回路两侧接地开关，并将其中一侧接地开关接地铜排断开。

（7）将断路器测试仪可靠接地，将断路器测试仪断口信号测试线的夹子夹于断路器两侧的接地开关接地铜排处；直流电压输出线接开关端子排中断路器分、合闸线圈两端。

（8）接线完成后经检查确认无误，操作断路器测试仪选择合适参数后方可开始试验。施加分、合闸线圈额定动作电压使断路器动作后，读取并记录相应的断路器分、合闸时间。

（9）对试验数据进行分析判断，得出结论。

（10）拆除试验接线，恢复GIS设备原始状态，整理现场。

六、GIS设备SF_6气体湿度测量

1. 试验目的及意义

SF_6气体湿度是指SF_6气体中水蒸气的含量。GIS设备中SF_6气体含有水分会引起严重不良后果：①引起化学腐蚀，在高温、电弧作用下，水分会导致SF_6气体发生分解反应，生成SOF_2、SOF_4、SO_2F_4、SO_2、HF等具有腐蚀性和毒性的物质，对GIS设备内部的绝缘件或金属部件产生腐蚀作用；②危害绝缘，水分在一定气温下会产生凝结水并附着于绝缘件表面，容易造成绝缘件表面的沿面闪络。通过对GIS设备进行SF_6气体湿度检测，能有效发现GIS设备内部是否存在水分超标及受潮、未安装吸附剂等缺陷。

2. 试验方法及接线

SF_6气体湿度测量试验接线如图8－13所示。

试验步骤：

（1）记录试验现场的环境温度、湿度。

（2）检查被试GIS气室压力表计读数。

（3）检查微水仪是否正常，并开机进行预热。

（4）将通气软管带流量调节开关一端接于微水仪（若微水仪不带流量自动调节功

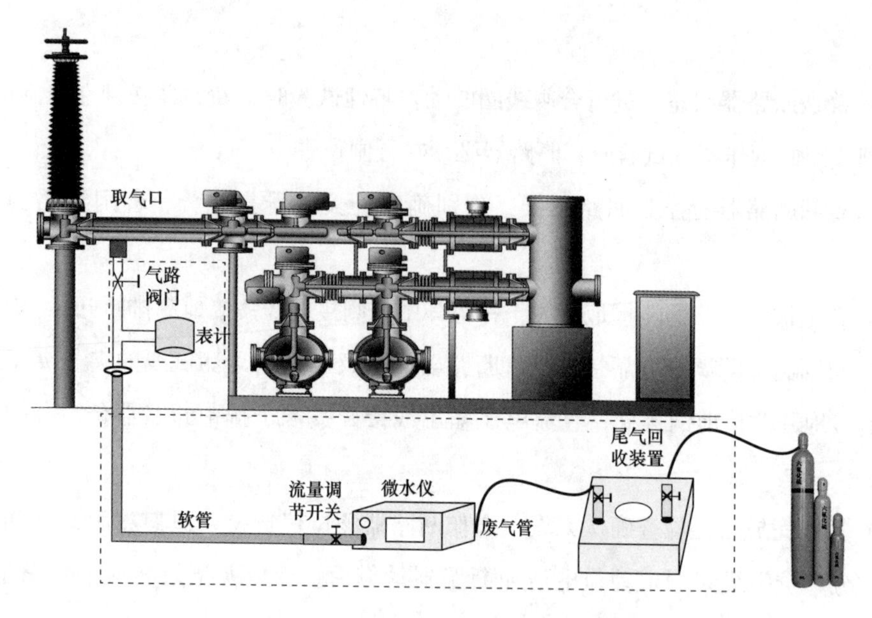

图 8-13　SF_6气体湿度测量试验接线图

能时应将流量调节开关关闭），微水仪的废气管引至下风向处或电缆沟内。

（5）将通气软管的接头一端拧接于 GIS 气室取气阀，注意通气软管接头处所用的接头应与 GIS 气室取气阀相匹配，拧接时应注意避免漏气。

（6）接线完成后经检查确认无误，才能进行下一步试验。

（7）若微水仪具备流量自动调节功能，则接线结束后查看微水仪界面上流量显示，待气体流量稳定后即可开始测试；若微水仪不具备流量自动调节功能，则在接线结束后，应打开流量调节开关缓慢调节通气流量，使之达到微水仪所要求的通气流量，待其稳定后，即可开始测试。

（8）测量过程中保持气体流量的稳定，并随时检查被测气室的气体压力，防止设备压力异常和下降。

（9）待微水仪显示的数值稳定后停止测试，读取并记录气体湿度值。

（10）对试验数据进行分析判断，得出结论。

（11）关闭流量调节开关，拆除试验接线，恢复 GIS 设备原始状态，整理现场。